Aurélien Davroux

WÄCHST fast OHNE WASSER

450 trockenheitstolerante Pflanzen für jeden Standort

Aus dem Französischen
von Sabine Hesemann

INHALT

DEN GÄRTNER UND
DEN PLANETEN SCHONEN 5

TROCKENHEIT IM GARTEN:
WO, WANN UND WARUM? 7
Was ist Trockenheit? 9
Eigenschaften des Bodens 9
Geografischer Einfluss 12
Ausrichtung
und Standort 16

WASSERVERBRAUCH
REDUZIEREN 27
Gute Kenntnis des eigenen Gartens 29
Bodenbedeckung 29
Lebende Pflanzen als Bodenbedeckung 33
Besser in der Tiefe wässern 34
Lebendige Böden fördern 36
Pflanzzeiten anpassen 37
Richtig pflanzen 38
Aussaat bevorzugen 39

PFLANZEN
UND TROCKENHEIT 41
Trockene Lebensräume in der Natur 43
Anpassung von Pflanzen an die
Trockenheit 47

TROCKENHEITSTOLERANTE PFLANZEN
FÜR VOLLSONNIGE STANDORTE 55

Geophyten 57
Niedrige und kriechende Pflanzen 61
Niedrig wachsende Stauden mit langer
Blütezeit 77
Dickblattgewächse 83
Pflanzen mit duftendem Laub 88
Grau belaubte Stauden und Sträucher 95
Ein- und Zweijährige 101
Kurzlebige Stauden 107
Ausdauernde Stauden 113
Gräser 119
Niedrige Sträucher und Halbsträucher 125
Kletterpflanzen 135
Sträucher 139
Winterharte Exoten für mildes Klima 143
Yucca und Co. 148
Laubbäume 151
Koniferen 159
Palmen 164

SERVICE 308
Bezugsquellen 308
Literaturempfehlungen 308
Register 309

TROCKENHEITSTOLERANTE PFLANZEN **FÜR DEN HALBSCHATTEN** 167

Geophyten 169
Niedrige und kriechende Pflanzen 177
Kurzlebige Stauden 185
Langlebige Stauden 193
Farne 203
Gräser 205
Niedrige Sträucher und Halbsträucher 209
Kletterpflanzen 213
Sträucher 217
Laubbäume 235
Koniferen 243

TROCKENHEITSTOLERANTE PFLANZEN **FÜR DEN SCHATTEN** 247

Geophyten 249
Niedrige und kriechende Pflanzen 259
Kurzlebige Stauden 271
Langlebige Stauden 275
Farne 283
Gräser und Grasförmiges für den Schatten 289
Kletterpflanzen 293
Sträucher 297

DEN GÄRTNER UND DEN PLANETEN SCHONEN

Gartenbau (und auch das Hobbygärtnern) bedeutet heute, einen Raum ästhetisch ansprechend zu gestalten, aber auch zu wissen, wie man ihn möglichst einfach pflegt und dabei die Umwelt schont.

Die trockenen Sommer, die wir seit einigen Jahren erleben, zwingen immer mehr Pflanzenliebhaber dazu, reichlich und über immer längere Zeit hinweg zu bewässern.

Es ist zu befürchten, dass diese Wetterphänomene sich in den kommenden Jahrzehnten verschärfen werden und auch Regionen treffen, die bislang von derartigen Kapriolen weitgehend verschont wurden. Sparsame Gärtner sollten den eigenen Rücken, den Geldbeutel und den Planeten im Blick behalten und gut überlegen, wie man das eigene kleine Paradies nachhaltig bepflanzt und hegt. Es macht keinen Sinn mehr, regelmäßig zu wässern, weil dies kostspielig und unökologisch sowie eine Verschwendung von Ressourcen ist.

Man muss nicht in der Magdeburger Börde oder dem Oberrheinischen Tiefland, dem Wallis in der Südwestschweiz oder im Engadin in der Südostschweiz leben oder gar überall mit Steinen arbeiten, um einen trockenheitsverträglichen Garten zu konzipieren! Die meisten der in diesem Buch vorgestellten Pflanzenarten und -sorten gedeihen gut in warm-gemäßigtem Klima. Dadurch lassen sie sich fast überall auf städtischen Flächen und bei einer Vielzahl verschiedener geografischer, klimatischer und bodenkundlicher Verhältnisse verwenden.

Besonders spezifische Situationen wie Küste, Mittelmeer oder Hochgebirge stehen nicht im Mittelpunkt dieses Buches, doch einige der hier präsentierten Arten können sich an diese Bedingungen anpassen. Am Ende des Buches finden Sie ein paar Literaturvorschläge zur Vertiefung dieser Themen.

Alle in diesem Buch genannten Pflanzenarten sind, wenn nicht anders vermerkt, winterhart bis −15 °C und teils auch darunter.

Gegenüber: *Choisya* 'Aztec Pearl' und Zypressen-Wolfsmilch (*Euphorbia cyparissias*) auf sehr trockenem Boden unter einer Konifere.

TROCKENHEIT IM GARTEN: **WO, WANN UND WARUM?**

Aus welchen Gründen ist ein Boden trocken? Aufgrund der Bodenstruktur selbst, aber auch wegen der Lage auf dem Erdball (Klimazonen, Großklima) oder wegen der „Mikro-Lagen“ (Mikroklimate), die oftmals äußerst wichtig für das Überleben bestimmter Arten sind. Die Trockenheit bleibt nicht immer gleich, sondern ändert sich meist im Laufe eines Jahres.

WAS IST TROCKENHEIT?

Der Deutsche Wetterdienst definiert Trockenheit, besser gesagt Dürre, als „einen Mangel an Wasser, der durch weniger Niederschlag und/oder eine höhere Verdunstung durch erhöhte Temperatur (oder Wind) als üblich verursacht wird."

Man unterscheidet vier Typen:

- *Meteorologische Dürre:* Wenn es 1–2 Monate trockener als üblich ist.
- *Hydrologische Dürre:* Tritt ab 4 Monate ein, wenn Grundwasser und Pegel betroffen sind.
- *Landwirtschaftliche Dürre:* Wenn es 2 Monate und länger trocken ist und Ernteeinbußen auftreten.
- *Sozio-ökonomische Dürre:* Tritt ab 1 Jahr ein, wenn der Wassermangel die produzierende Wirtschaft bremst.

Im Hinblick auf ihre Auswirkungen ist die Dauer einer Trockenheit ebenso zu beachten wie ihre Intensität. Böden hatten schon in der Vergangenheit, vor allem in den Jahren 1976 und 2003, mit Trockenheit zu kämpfen, als über lange Zeit hinweg sehr hohe Temperaturen herrschten. Die Klimaveränderung, die inzwischen erwiesen ist, verursacht aber ein zunehmendes Auftreten von Trockenheiten, da sich die Durchschnittstemperatur erhöht hat. Von bis zu 20 % sinkenden Niederschlagsmengen im Sommer sind vor allem der Nordosten Deutschlands und die Lüneburger Heide, aber teilweise auch der Südwesten betroffen. Dafür steigen die winterlichen Niederschläge, zum Beispiel im Süden und Südwesten, teils deutlich an. Die Trends gelten ähnlich auch in der Schweiz und in Österreich. In Niederösterreich ist beispielsweise damit zu rechnen, dass die Frühlingsmonate tendenziell feuchter werden, die Sommermonate aber sehr viel trockener. Anders ausgedrückt: Die Extremverhältnisse prägen sich stärker aus.

EIGENSCHAFTEN DES BODENS

Der Boden ist der physikalische Träger der Pflanzen, aber er ist auch ein komplexes, lebendiges Ensemble, das aus dem sich zersetzenden Gestein, organischem

Sehr tonhaltiger Lehmboden reagiert empfindlich auf Verdichtung und bei trockenem Wetter zieht er sich zusammen und wird hart wie Beton.

Material und den darin arbeitenden, lebenden Organismen besteht. Kein Boden ist im gartenbaulichen Sinne perfekt, manche Typen sind aber in Bezug auf die Trockenheit problematischer als andere.

„SCHWERER" BODEN

Wenn der Boden sehr lehmig ist, also viel Ton enthält, dann ist er schlecht belüftet, staut das Wasser und beginnt zu kleben, wenn es zu viel regnet. Im Sommer bewahrt er die Feuchtigkeit länger, doch sobald der Ton trocknet, zieht er sich zusammen, der Boden reißt auf und trocknet bis in tiefere Schichten. Die Pflanzen, die sich gewöhnlich hier wohlfühlen, lassen pätestens dann plötzlich die Köpfe hängen.

Man kann die Durchlässigkeit eines solchen Bodens

Gegenüber: Stauden-Phlox mit den ersten Anzeichen von Problemen nach einigen Tagen Trockenheit und starker Sonneneinstrahlung.

Sandiger, leichter und krümeliger Boden hält kaum Nährstoffe oder Feuchtigkeit. Er ist leicht zu bearbeiten, aber von Natur aus wenig fruchtbar.

verbessern und damit die Auswirkungen überschüssigen Wassers auf die trockenheitsverträglichen Pflanzen im Winter gering halten, indem man durchlässiges Material wie Sand, Kies oder Puzzolan untermischt. Manche Zwiebelpflanzen gedeihen auf einem Bett aus Sand oder Kieselsteinen besser, denn dann faulen sie während des Winters nicht so leicht.
Eine ordentliche Portion Kompost auf der Oberfläche sorgt für den Eintrag von organischen Stoffen, die sich zersetzen und wenigstens in den obersten Zentimetern des Bodens ein günstigeres Milieu schaffen.

„LEICHTER" BODEN

Im Gegensatz zu schwerem Boden besitzen sandige Böden exzellente Eigenschaften bei der Wasserdurchlässigkeit, was aber mit einem nährstoffarmen Milieu für die dort wachsenden Pflanzen einhergeht. Der Boden enthält nicht ausreichend Ton.
Die Speichereigenschaften dieser Böden sind gering und die Wasserreserven versickern rasch, so dass die Pflanzen unter Wassernot leiden, sobald wenige Tage niederschlagsfrei waren.
Wie bei den sehr lehmigen Böden kann man auch hier oberflächlich organisches Material als Mulch ausbringen oder einarbeiten. Dies könnte man sich jedoch durch eine sorgfältige Auswahl der Pflanzenarten sparen.

GESTEINSGRÜNDE MIT DÜNNER MUTTERBODEN-SCHICHT

In einigen Regionen findet man verbreitet flach- bis mittelgründige, steinige Böden vor, zum Beispiel in der Karstlandschaft der Schwäbischen Alb. Die den Pflanzen zur Verfügung stehende Humusschicht ist dort manchmal nur 10–20 cm stark. Unter diesen Bedingungen ist das Wurzelwachstum schnell begrenzt und der Wuchs eingeschränkt. Wassermangel, vor allem bei dem stark durchlässigen Kalkgestein, wirkt sich unmittelbar auf die Vegetation aus und eine sachkundige Auswahl der pflanzbaren Arten ist hier dringend geboten! Im Garten kann dieses Phänomen stellenweise dann auftreten, wenn unter der Bepflanzung unterirdisch irgendwelche Bauten vorhanden sind (Garage, alte Keller, Klärgruben).

VORSICHT EMPFINDLICH!

Die Struktur eines Bodens ist empfindlich. Der Einsatz schwerer Maschinen, das Betreten durchweichten Bodens oder das tiefe Pflügen tragen dazu bei, dass der Boden sich verdichtet und die im Boden lebenden Organismen zerstört werden. Auch die Durchlüftung des Bodens verschlechtert sich. Unter diesen Umständen können sich Pflanzen schlechter entwickeln und zudem erleiden sie während trockener Witterung deutlichen Wassermangel.

Gegenüber: Oberflächlich dünne Mutterbodenlage auf einem stark durchlässigen Kalkgestein.

GEOGRAFISCHER EINFLUSS

Wir alle dürften inzwischen bemerkt haben, dass die Vegetation an den deutschen Küsten anders aussieht als am Bodensee oder im Alpenvorland. Das gilt für die Wildpflanzen ebenso wie für die Gartenpflanzen.

KLIMAZONEN

Deutschland liegt in der gemäßigten Klimazone mit deutlich ausgeprägten Jahreszeiten, aber auch starken regionalen Unterschieden. Grund dafür ist sowohl die Ost-West- als auch die Süd-Nord-Ausdehnung sowie die Mittelgebirge. Die klimatischen Bedingungen in der Schweiz und in Österreich sind in weiten Teilen mit denen Deutschlands vergleichbar.

Verschiedene Einflüsse prägen das Klima: Der Westen Deutschlands ist atlantischen Einflüssen ausgesetzt, die für ein *ozeanisches Klima* verantwortlich sind. Hier regnet es im Winter häufiger, die Sommer sind mäßig warm. Das gilt ähnlich auch für den Westen Österreichs, wo das ozeanisch geprägte Klima humide Verhältnisse schafft. *Kontinentales Klima* mit kalten Wintermonaten und warmen bis heißen Sommern herrscht im Osten und Südosten vor sowie im Osten Österreichs. *Maritimes Klima* finden wir im Norden Deutschlands, hervorgerufen durch Nord- und Ostsee. Mehr oder weniger niederschlagsreiche Sommer und mildere, stürmische Winter sind typisch für diese Region.

In der Schweiz fungieren die Alpen als eine Art Klimaschranke: Die Nordschweiz wird durch den Atlantik beeinflusst, wobei die vorherrschenden Strömungen aus Westen und Nordwesten überwiegend feucht-milde Meeresluft ins Land bringen. Im Gegensatz dazu steht die Südschweiz unter dem Einfluss des Mittelmeers und ist geprägt von deutlich milderen Wintern.

Zwischen den ausgeprägten Klimazonen gibt es Übergangsbereiche, deren Merkmale zwischen den genannten Kriterien liegen und nicht so sauber zu trennen sind. Dass die Temperaturen infolge der globalen Erwärmung steigen, ist aber ein allgemeiner Trend. Dazu kommt, dass die Winter wärmer werden, mit mehr Niederschlägen, die aber nicht als Schnee, sondern als Regen niedergehen. Jahreszeitlich am wenigsten verändert hat sich der Herbst. Der Klimawandel scheint sich bereits auf die Trockenheitsphasen und die Temperaturextreme auszuwirken. So gesehen stehen die Gärtnerinnen und Gärtner vor einer großen Herausforderung.

Ein genauer Blick auf die wilde Flora in der direkten Umgebung ist ideal, um zu sehen, welche Arten von Pflanzen im lokalen Klima und damit auch im eigenen Garten geeignet wären. Sind es viele Felsen und Schotter mit Kissenpflanzen? Dann nehmen Sie am besten Pflanzen für den Steingarten und durchlässige Böden. Sind es üppig grüne Frühlingswiesen mit reichlich Regen im Winter? Dann meiden Sie besser die Pflanzen für durchlässige Böden und wählen stattdessen Arten, die ein bisschen Wasser im Winter vertragen.

KLIMATOLERANZ

Nicht alle Pflanzen sind gleichermaßen klimatolerant. Die Mehrzahl der Alpenpflanzen vertragen beispielsweise die Trockenheit und Eiseskälte, aber sobald die Temperaturen steigen oder sie zu viel Wasser bekommen, beginnen sie zu leiden.

Die mediterranen Pflanzenarten dagegen entwickeln sich nur bei trockenem, warmem Klima zu vollster Schönheit. Es ist unnötig sie zu gießen, nicht einmal im Sommer. Dadurch würden die Pflanzen nur eingehen!

DIE WINTERHÄRTEZONEN IN DEUTSCHLAND, ÖSTERREICH UND DER SCHWEIZ

HEINZE und SCHREIBER (1984)

Zone	5b	6a	6b	7a	7b	8a	8b
Temperatur in °C	−26,0 bis −23,5	−23,3 bis −20,6	−20,5 bis −17,8	−17,7 bis −15,0	−14,9 bis −12,3	− 12,2 bis −9,5	−9,4 bis −6,7

WINTERHÄRTE

Die Winterhärte einer Pflanze ist gleichbedeutend mit der theoretisch niedrigsten Temperatur, bei der die Pflanze im Winter überleben kann. Zusätzlich zur Karte der Klimazonen kann man also eine Karte der Winterhärtezonen (siehe Seite 13) zu Rate ziehen, in der die minimale Durchschnittstemperatur eines Ortes angegeben ist.

In Deutschland, Österreich und der Schweiz bewegen wir uns in den Winterhärtezonen Z6 (–23,3 bis –17,8 °C) bis Z8 (–12,2 bis –6,7 °C), in den Höhenlagen der Alpen wird stellenweise Z5 (–28,8 bis –23,5 °C) erreicht. Man kann diese Einteilung auch in feinere Untergruppen auftrennen, wobei dann die Buchstaben a, b oder c angehängt werden.

Die Wintertemperatur ist nicht einzige Faktor, der das Überleben einer Pflanze in Ihrer Region bestimmt. Denken Sie bitte daran, dass die Mehrzahl der Pflanzen für trockene Böden keine winterliche Nässe mögen. Eine Pflanze verträgt wunderbar bis –15 °C, wenn der Boden gut entwässert, sie geht aber schon bei –5 °C ein, wenn es zu nass ist. Auch sollte man bedenken, dass Pflanzen, die im Gewächshaus unter idealen Bedingungen getrieben wurden, weniger Kälte und Trockenheit vertragen als Individuen derselben Art, die von Anfang an der Härte des Klimas ausgesetzt waren.

Außerdem besteht die Möglichkeit, dass Wurzelstöcke derselben Pflanze, die an verschiedenen Orten gezogen wurden, unterschiedliche Winterhärte entwickeln, vor allem wenn die eine im Tiefland und die andere in den Bergen wächst. Ein Beispiel dafür wären zahlreiche Pflanzen in Taiwan, wo Tiefland-Vertreter in Winterhärtezonen Z8–9 gedeihen, während andere Stöcke derselben Pflanze aus Höhenlagen um 2000–3000 m die Winterhärtezone 7 vertragen.

NIEDERSCHLÄGE

Unter Niederschlag versteht man die Gesamtheit dessen, was in der Atmosphäre niedergeht: Regen, Schnee, Hagel usw. Es ist klar, dass vor allem die Niederschläge für das Entstehen von unerwarteter Trockenheit verantwortlich sind, auch wenn sie mit zusätzlichen Faktoren assoziiert sind. Zwei Regionen können in ein und derselben Winterhärtezone liegen, aber sehr unterschiedliche Niederschlagsmengen und -verteilungen aufweisen. So verhält es sich zum Beispiel in der Region Ostfriesland mit einem maritimen Klima (also niederschlagsreicher) im Gegensatz zu Regionen um Mainz oder Koblenz mit atlantischen Einflüssen, auch wenn beide in der Winterhärtezone 8a liegen. Wenn man an beiden Orten identische Arten pflanzt, besteht die sehr große Wahrscheinlich-

Beim Einkauf in spezialisierten Gärtnereien, vor allem wenn diese selbst ihre Pflanzen vermehren (Fotos links), erfährt man meistens genau, woher die erworbene Pflanzenart stammt und damit auch, welche Winterhärte sie hat. Zögern Sie nicht, sich gezielt danach zu erkundigen!

keit, dass diese sich nicht in gleicher Weise entwickeln werden.

Die Verteilung des Niederschlages ist in der Realität wesentlich wichtiger als die Menge. Während es im Süden Deutschlands vor allem in den Sommermonaten regnet, fallen die Niederschläge im Westen vermehrt im Winter. Im Norden sind die Regentage vergleichsweise gleichmäßig über das Jahr verteilt und im Osten gibt es häufiger Regen zum Frühjahrsende und Sommerbeginn sowie im Winter. Zwischen 1981 und 2010 fielen durchschnittlich in der Messstation Waldkirchen in Bayern 1136 mm Niederschlag, am meisten in den Monaten Juli und August, in Bestwig-Nuttlar in Nordrhein-Westfalen fielen durchschnittlich 1127 mm Niederschlag, die größten Mengen im November, Dezember und Januar.

AUSRICHTUNG UND STANDORT

Ein Garten, selbst wenn er klein ist, besteht aus einem Mosaik von Mikromilieus mit manchmal höchst gegensätzlichen Standortbedingungen auf wenigen Metern Fläche. Welche Vor- und Nachteile haben diese Mikromilieus? Wie kann man sie planvoll nutzen?

AN DER MAUER

Ihr Garten ist vielleicht von einer oder mehreren Mauern umgeben. Falls nicht, dann bietet sich vielleicht das Haus selbst als Kulisse für Pflanzungen an. Mit derartigen Standorten muss man in Hinblick auf ihre Besonderheiten sinnvoll umgehen!

Eine nach Süden gerichtete Giebelseite eignet sich für sonnenhungrige Arten, die leicht frieren und/oder keine Feuchtigkeit mögen. Ein solcher Standort ist daher ideal für mediterrane Arten oder Sträucher, die Hitze brauchen. Sie blühen an dieser Stelle früher. Nachteil: Hier kann ein richtiger Backofen entstehen, wenn es sehr heiß ist. Also keine empfindlichen Pflanzen setzen!

Eine nach Osten ausgerichtete Mauer rückt die Pflanzen in das Morgenlicht und schützt sie vor der sengenden Sonne am Mittag.

Nachteil: Das plötzliche Auftauen im Winter löst einen hydrologischen Stress bei immergrünen Pflanzen aus und Pflanzenzellen empfindlicher Pflanzenarten

VORURTEIL

Entgegen der üblichen Vorstellung verursacht die Bepflanzung am Fuß einer Mauer keine Schäden durch eindringende Wurzeln. Die dort wachsenden Pflanzen neigen sogar eher dazu, überschüssiges, sich stauendes Wasser aufzunehmen. Das trifft auf den Efeu zu, der kein neues, richtig verfugtes Mauerwerk beschädigt. Man kann den Fuß einer Mauer auch mit einer niedrigen Hecke immergrüner Sträucher zum Schutz und zur Entwässerung bepflanzen.

Alte Mauern werden oft von Moosen besiedelt, die immer als Erste auftauchen. Rasch folgen dann robustere Pflanzen, sobald die Nährstoffsituation sich verbessert.

Gegenüber: Eine nach Süden ausgerichtete Mauer schützt kälteempfindliche Arten, die trockene Böden mögen.

MATERIAL UND FARBEN

Eine weiße oder helle Mauer (z. B. aus Kalkstein) reflektiert Licht und Wärme, erwärmt damit tagsüber die Pflanzen am Fuß der Mauer, während eine dunkle Mauer die Strahlen absorbiert und während der Nacht als Wärme abgibt.
Eine Mauer aus Ziegel oder Steinen bildet nach einigen Jahren Risse und Scharten, in denen „wild Wachsende" sich anheften und ohne große Kosten eine dauerhafte grüne Wand entstehen lassen.
Eine hölzerne Palisade sieht zwar ländlich-rustikaler aus, widersteht aber den Witterungseinflüssen nicht so gut wie Stein oder Beton, vor allem dort, wo sie den Erdboden berührt. Daran sollten Sie denken, wenn Sie Kletterpflanzen setzen: Können Sie die Holzkonstruktion noch mit Schutzanstrich (Lasur, Leinöl) versehen oder sie ersetzen, ohne eine Großbaustelle zu beginnen?

platzen, sobald die Wärme der Morgensonne auf die noch gefroren Blätter und Triebe trifft.
Eine nach Norden ausgerichtete Mauer bekommt von allen Typen das wenigste direkte Sonnenlicht. Die Pflanzen stehen den ganzen Tag über vor der Sonne geschützt. Das ist ideal für Arten, die Schatten und Frische lieben sowie unempfindlich gegenüber schlechtem Wetter sind.
Nachteil: Diese Stelle ist nichts für frostempfindliche und zarte Pflanzen – und eignet sich noch weniger für solche, die trockene Böden lieben!
Eine nach Westen ausgerichtete Mauer lässt die Pflanzen im Licht der Nachmittags- und Abendsonne wachsen, ist wärmer als die Morgensonne aber zugleich erwärmt sie sich nur allmählich. In den meisten Regionen ist das auch die Richtung, aus der die Regenfälle kommen.

DEM WIND AUSGESETZTE BEREICHE

Wind ist die Verschiebung von Luft aus einem Hochdruckgebiet in ein Tiefdruckgebiet. Seine Hauptmerkmale sind natürlich die Richtung und die Stärke. Wind sorgt zudem durch den erhöhten Gasaustausch immer für Austrocknung.
Westwinde dominieren gewöhnlich in Europa, was mit den Meeresküsten im Westen zu tun hat. Diese Winde bringen Feuchtigkeit und sie sind im Winter sehr stark bis stürmisch.
Ostwinde, die gelegentlich aus Sibirien kommen, sind kalt und trocken. Bei Trockenheit begünstigen Sie den Wasserverlust der Pflanzen durch Transpiration und durch die Verdunstung der Bodenfeuchte, sofern der Boden nicht gemulcht ist. Diese Auswirkungen lassen sich durch Mulch aus Laub, Rinde oder Kies eindämmen.

Diese Eichen an der normannischen Küste verraten zweifelsfrei, welche die vorherrschende Windrichtung ist.

Nordwinde sind kalt und verstärken die Auswirkungen von Frost, da sie die Wärme des Bodens abführen. Zusammen mit Ostwinden verursachen sie die meisten Schäden an kälteempfindlichen Pflanzen im Winter oder an jungen Trieben zu Frühjahrsbeginn.

Südwinde, insbesondere heiße und trockene, verstärken die durch hohe Temperaturen verursachten Probleme. Sie schädigen vor allem Gewächse mit großen Laubblättern.

Starker und häufig wehender Wind kann zur oberflächlichen Erosion des Bodens führen – zu windbedingter Bodenerosion.

Wind ist in bewaldeten Gebieten schwächer, da die Bäume einen Schutzschirm gegen den Wind bilden. Bei einer großen Fläche sollte man eine größere Zahl an Bäumen pflanzen, so dass (mit etwas Geduld!) ein verhältnismäßig windgeschützter Bereich entsteht. Bei kleineren Gärten könnte es sinnvoll sein, eine Hecke zu pflanzen – was uns zum nächsten Punkt führt.

BESSER NICHT

Wenn Sie in einer stark dem Wind ausgesetzten Gegend gärtnern, sollten Sie auf empfindliche Arten verzichten. Dazu gehören die meisten Arten der Gehölz-Unterpflanzung, Pflanzen mit großen Laubblättern wie *Paulownia, Tetrapanax* usw., weiterhin Pflanzen mit langen, schnell brechenden Trieben wie *Delphinium* oder Stockrosen sowie Bäume mit brüchigem Holz wie Kirschen, einige Lindenarten, Pappeln und Weiden.

Am Fuß einer Hecke herrschen während der meisten Zeit des Tages gleichzeitig Trockenheit, Konkurrenzkampf und Schatten. Manche Pflanzen wie die Elfenblumen (hier die Züchtung 'Fronleiten') können hier gut gedeihen.

UNTER EINER HECKE

Hecken dienen im Allgemeinen dem Sichtschutz, wirken aber auch als Schutz vor der Witterung, vor Wind und Sonne. Tatsächlich wird der auf eine Hecke treffende Wind nach oben abgelenkt und dadurch entsteht hinter der Hecke ein windstiller Bereich, der in der Tiefe etwa das Fünf- bis Achtfache der Heckenhöhe erreicht (siehe Zeichnung unten). Das trifft auch auf den Schattenwurf und den Regenschatten einer Hecke je nach Heckenhöhe und Winkel zum Sonneneinfall zu.

Die Bepflanzung am Fuß einer Hecke entspricht je nach Ausrichtung in etwa den Angaben bei einer Mauer, von wenigen Unterschieden abgesehen. Eine Hecke besitzt im Gegensatz zur Mauer eigene Wurzeln! Manche Gärtner scheinen zu vergessen, dass eine Hecke nicht nur ein Trennelement ist, das man von Zeit zu Zeit zurückschneiden muss. Sie besteht aus ganzen Pflanzen, das heißt sie atmet, gibt Feuchtigkeit ab und entzieht dem Boden Nährstoffe sowie Wasser. Steht eine (immergrüne) Hecke quer zur Hauptwindrichtung, so kann sich dahinter ein „Regenschatten“ entwickeln, das heißt eine Fläche, auf die kein Niederschlag fällt.

WINDSTILLE HINTER EINER HECKE

Ein Bereich, der in seiner Tiefe etwa dem Fünf- bis Achtfachen der Heckenhöhe entspricht, ist durch die Sträucher vor starkem Wind geschützt. Weiter entfernt baut sich der Wind wieder turbulent auf.

Bei der Unterpflanzung einer Hecke heißt es Arten auswählen, welche die Trockenheit relativ gut vertragen. Das gilt besonders für Hecken mit stark konkurrierenden Wurzeln. Am einfachsten ist es, wenn man gut angepasste Bodendecker auswählt, die einerseits das Unkraut unter der Hecke fernhalten, andererseits hübsch aussehen und den Nützlingen wie Igel und räuberischen Insekten einen Unterschlupf bieten.

BÖSCHUNGEN UND GEFÄLLE

Sollte Ihr Garten ein abwechslungsreiches, hügeliges Profil aufweisen, müssen Sie zusätzliche Parameter beachten. Pflanzungen bei einem Gefälle von weniger als 10 % unterscheiden sich gewöhnlich nicht nennenswert von jenen auf ebener Fläche. Bei mehr als 25 % ist die Auswirkung hingegen deutlich: Oben auf einem Hügel ist es wesentlich trockener als an seinem Fuß, vor allem wenn oben zusätzlich eine Hecke wächst. Das liegt ganz einfach daran, dass das Wasser an den Böschungen herunterrinnt und sich am Fuß sammelt. Aus diesem Grund setzt man Arten, die eine gute Bodenentwässerung benötigen, oben an den Hang und die mit gegensätzlichem Anspruch unten.

Am Fuß einer Böschung: Das intensiv grüne Gras zeigt an, dass der Boden in der Senke feuchter ist als auf dem Scheitel des Hangs.

NEIN ZUR PLASTIKFOLIE!

Oft sieht man an Hauseingängen Böschungen, die mit Plastikfolie und Pflanzen „geschmückt“ sind, damit die Erde nicht abrutscht. Diese Folienbedeckungen töten nicht nur alles Leben im Boden darunter, sie verhindern auch, dass die gepflanzten Bodendecker sich kräftig entwickeln. Verwenden Sie biologisch abbaubare Folien und setzen Sie die Bodendecker sehr dicht. Nur Sträucher und mehrjährige Stauden mit kräftiger Bewurzelung fixieren den Boden langfristig. Bei Verzicht auf Folien kann man auch kriechende Gewächse einsetzen, die von Natur aus daran angepasst sind, abrutschende Böden und Hänge zu befestigen.

UNTER BÄUMEN UND STRÄUCHERN

Manche Bäume und Sträucher entwickeln ein dichtes, oberflächliches Wurzelnetz, um viel Wasser aufzunehmen. Es versteht sich von selbst, dass diese Wasseraufnahme sich zu Ungunsten der in unmittelbarer Nähe stehenden Pflanzen auswirkt. Man kann dort also nur schwerlich oder eigentlich gar keine Stauden oder Sträucher setzen, die auf Wassermangel empfindlich reagieren.

Unter den weit verbreiteten Bäumen sind Birke, Berg-Ahorn und Ess-Kastanie die stärksten Wettbewerber um das Wasser. Man muss ihre Nachbarn mit Bedacht auswählen oder es ist um diese Nachbarn schnell geschehen, weil sie verdursten oder im günstigsten Fall vor sich hin vegetieren, es sei denn sie sind resistent genug gegen Trockenheit. Sehen Sie dazu die Liste der Bäume und Sträucher auf der gegenüber liegenden Seite.

WURZELSYSTEME

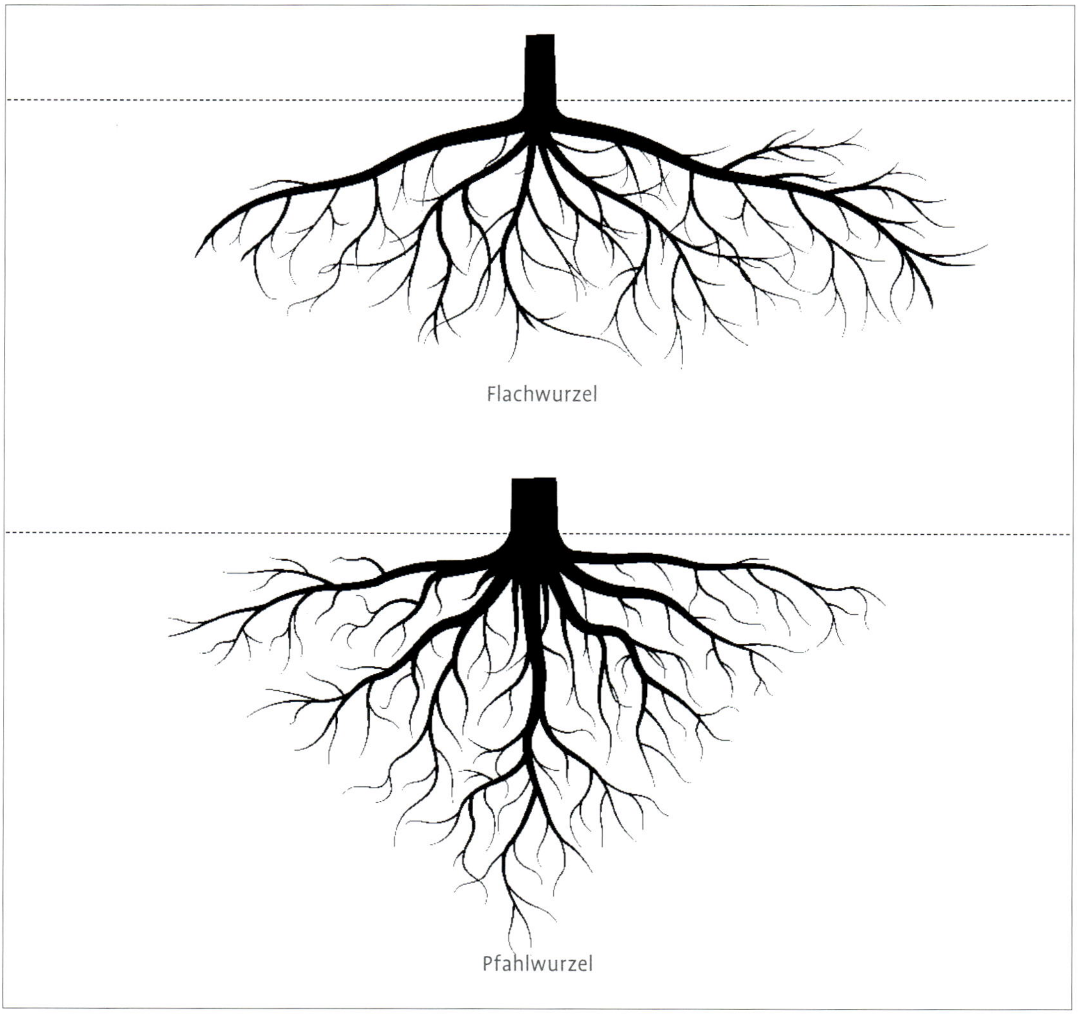

BÄUME UND STRÄUCHER MIT WASSERZEHRENDEM WURZELWERK („XY SPP." STEHT FÜR „ARTEN DER GATTUNG XY".)

Botanischer Name	Deutscher Pflanzenname
Laubbäume	
Acer spp. (europäische)	*A. pseudoplatanus* (Berg-Ahorn), *A. platanoides* (Spitz-Ahorn), *A. campestre* (Feld-Ahorn)
Acer spp. (amerikanische)	*A. saccharinum* (Silber-Ahorn), *A. saccharum* (Zucker-Ahorn)
Aesculus hippocastanum	Rosskastanie
Betula spp.	Birken
Carpinus betulus	Hainbuche
Fraxinus excelsior	Gewöhnliche Esche
Morus alba	Weißer Maulbeerbaum
Platanus spp.	Platanen
Populus spp.	Pappeln
Prunus spp. (sommergrün)	Mandel, Kirsche, Pflaume
Prunus laurocerasus	Lorbeer-Kirsche
Pterocarya spp.	Flügelnuss
Quercus palustris	Sumpf-Eiche
Robinia pseudoacacia	Scheinakazie, Robinie (bildet Wurzelausläufer)
Salix spp.	Weiden
Ulmus spp.	Ulmen
Zelkova spp.	Zelkove
Nadelbäume	
Abies spp.	Tannen
Cedrus spp.	Zedern
Cupressus spp.	Zypressen
Larix spp.	Lärchen
Picea spp.	Fichten
Pinus spp.	Kiefern, Föhren
Taxus baccata	Eibe
Thuja spp.	Thuja
Sträucher	
Corylus spp.	Haselnuss, vor allem Gewöhnliche Hasel (*C. avellana*)
Syringa vulgaris	Flieder

Im Gegensatz zu den vorgenannten entwickeln einige Bäume ein Pfahlwurzelsystem: Sie haben eine sehr kräftige, tief reichende zentrale Wurzel, die den Baum verankert, und darum herum Seitenwurzeln, die kaum mit anderen Pflanzen konkurrieren. Die meisten Koniferen besitzen zwar Pfahlwurzeln, haben dazu aber noch ein ausgeprägtes Flachwurzelnetz.

Erlen haben die besondere Eigenschaft, dass sie ihre Nachbarn mit Stickstoff versorgen. Das geschieht durch eine Symbiose mit Bakterien der Gattung *Frankia,* die den Luftstickstoff binden können.

BÄUME UND STRÄUCHER MIT GERING KONKURRIERENDEM WURZELWERK

Botanischer Name	**Deutscher Pflanzenname**
Acer palmatum	Fächer-Ahorn
Alnus glutinosa	Schwarz-Erle
Cercis spp.	Judasbaum, vor allem *C. siliquastrum*
Cornus spp. (asiatische)	Hartriegel (*C. kousa, C. controversa, C. officinalis* usw.)
Cornus mas	Kornelkirsche
Crataegus spp.	Weißdorn
Fagus sylvatica	Buche
Ginkgo biloba	Ginkgo, Goethebaum
Juglans regia*	Walnuss
Magnolia spp. (sommergrün)	Magnolien (*M. stellata, M.* × *soulangeana, M. kobus* usw.)
Malus spp.	Apfelbaum
Ostrya carpinifolia	Gewöhnliche Hopfenbuche
Pyrus spp.	Birnbaum
Quercus spp.	Eichen (sommergrüne europäische Arten) (*Q. robur, Q. pyrenaica, Q. petraea, Q. frainetto* usw.)
Sophora japonica (Syn. *Styphnolobium japonicum*)	Pagodenbaum
Sorbus spp.	Holunder

* Die von diesem Baum abgesonderten Stoffe behindern das Wachstum anderer Pflanzen, insbesondere scheinen Rosaceae und Fabaceae davon betroffen.

Gegenüber: Unter Bäumen, die kaum Konkurrenz um das Wasser verursachen, wie hier diese Magnolie, kann man alle Arten von Pflanzen setzen, sofern diese die sommerliche Trockenheit vertragen.

WASSERVERBRAUCH **REDUZIEREN**

Es ist nicht schwierig, das Wässern einzuschränken und Wasser einzusparen, sofern man einige sowohl einfache als auch wirkungsvolle Techniken anwendet.

GUTE KENNTNIS DES EIGENEN GARTENS

Nichts kann das profunde Wissen um den eigenen Garten ersetzen! Wiederholen wir kurz, worauf unser Hauptaugenmerk liegen sollte:

- In welcher Himmelsrichtung liegt der Garten? Gibt es ein Gefälle?
- Wo befinden sich dem feuchtigkeitszehrenden Wind ausgesetzte Bereiche?
- Welcher Bodentypus herrscht vor? Gibt es Unterschiede innerhalb der Parzelle (wie oben erwähnt, kann bereits auf wenigen Metern ein erheblicher Unterschied bestehen)?
- Wo liegen schnell abtrocknende Zonen oder solche die lange feucht bleiben (Pflanzen für dränierte Böden meiden)?
- Welche Zonen leiden bei längerer Trockenheit stark (z. B. unter Bäumen und Hecken oder an lehmigen Stellen), welche bleiben im Gegensatz dazu länger frisch?
- Welche Stellen liegen im Schatten von Hecken, Bäumen und Gebäuden (dieser Faktor verändert sich im Laufe des Jahres)?
- Gibt es vor starkem Frost geschützte Bereiche (z. B. an Mauern mit Südausrichtung)?

Es könnte ganz nützlich sein, das Grundstück schematisch zu zeichnen und alle genannten Faktoren in den Plan aufzunehmen. Auf diese Weise vergisst man zumindest am Anfang nichts, was wichtig wäre. Sie können weitere „Entdeckungen" im Laufe der Zeit ergänzen. Je länger Sie in Ihrem Garten arbeiten, desto seltener werden Sie das Schema benötigen.

Gegenüber: Der Standort des Gartens, oben oder unten an einem Hang, am Meer oder im Schutz von Bäumen, hat Auswirkungen auf die Intensität von Trockenheit. Aber auch andere Faktoren der Parzelle wirken sich bestimmend aus.

Gehölzhäcksel und Laub zählen zu den besten Materialien für das Mulchen.

BODENBEDECKUNG

Eine Mulchschicht in den Beeten, oder anders ausgedrückt die Bodenfläche nicht nackt zu lassen, hat mehrere Vorteile:

Das Wässern kann deutlich reduziert werden. Eine Mulchschicht verhindert das rasche Verdunsten des im Boden vorhandenen Wassers sowie die Erosion durch Regen und Wind. Dieser Effekt ist proportional zur Höhe der ausgebrachten Schicht. Allerdings sollte man eine Höhe von 10–15 cm nicht überschreiten, um den Wurzelhals der Pflanzen (vor allem bei Gehölzen) nicht zu sehr zu bedecken. Es besteht sonst die Gefahr der Fäule. Auch die Art des Materials wirkt sich aus. Siehe dazu die Tabellen auf den folgenden Seiten.

MULCH VOR ORT

Das abgefallene Laub liegen zu lassen und die vertrockneten Triebe über den Winter hinweg stehen zu lassen, hat mehrere Vorteile. Die Wurzelstöcke werden vor Frost geschützt und Nützlinge wie Marienkäfer und Florfliegen finden Unterschlupf. Und man sieht genau, wo eine ansonsten fast unsichtbare Pflanze steht. Zwischen Ende Februar und Mitte März muss man die vertrockneten Triebe lediglich abschneiden und mit einer Hand-Heckenschere zerkleinern. Die Mulchschicht verteilt sich also wieder auf dem Boden, ohne dass größere Arbeiten nötig wären.

STICKSTOFFMANGEL

Die Zersetzung von Holz und in geringerem Maß auch von Laub verbraucht zu Ungunsten der Pflanzen vor Ort den Stickstoff aus dem Boden. Wenn zu viel Material zur Zersetzung vorhanden ist, kann zuweilen ein „Stickstoffhunger" entstehen. Dieser kurzzeitige Stickstoffmangel manifestiert sich in Form von verlangsamtem Wachstum und oftmals einer Gelbfärbung des Laubs.

Die Besiedelung durch Unkräuter wird verringert. Manche Arten haben Strategien entwickelt, um eine sonnige, luftige Fläche rasch und wirkungsvoll zu besiedeln.

Dazu gehören die den Gärtnern wohlbekannten kleinen, wuchernden Pioniere: Süßgräser, Löwenzahn, Disteln, Hahnenfuß und andere.

Der Boden wird mit Nährstoffen versorgt. Dies gilt vor allem für Mulch aus organischen Stoffen, zum Beispiel Herbstlaub, trockene Zweige, Rasenschnitt und Gehölzhäcksel. Bei deren Zersetzung wird dem Boden langsam zurückgegeben, was die Pflanze ihm entzogen hat. Beachtet man dieses Prinzip, so werden Düngemittel in den allermeisten Fällen unnötig.

Mineralische Bodenbedeckungen (siehe Tabelle unten) eignen sich besonders für Pflanzen, die es nicht feucht mögen: Die Wurzeln mancher mehrjähriger Stauden und einiger empfindlicher Sträucher, unter anderem Thymian, Yucca, einige Brandkraut-Arten, können verfaulen, wenn sie von nässespeicherndem Laub umgeben sind. Mineralische Bedeckungen tragen zwar kaum Nährstoffe ein und sind den im Boden lebenden Organismen eher abträglich, dies macht aber den Pflanzen trockener und karger Böden wenig aus. Aus ästhetischer Sicht ist Mineralmulch am ehesten für Beete mit Mittelmeer- oder Exotikflair geeignet, selbstverständlich ist das subjektiv zu sehen.

Nachfolgend die unterschiedlichen Bodenbedeckungen und ihre Merkmale.

<table>
<tr><th>Mineralischer Mulch</th><th>Haltbarkeit</th><th>Kosten</th><th>Eigenschaften und Anmerkungen</th></tr>
<tr><td>Kies</td><td>sehr lange</td><td>ziemlich teuer</td><td rowspan="4">Mineralmulch ist schwer und fliegt nicht davon.
Er zersetzt sich kaum.
Es gibt eine große Palette von Farbtönen, die sich nicht verändern.
Er eignet sich auch perfekt für trockenheitsliebende Pflanzen (die keinen feuchten Mulch mögen), vor allem, weil er sich auch rasch aufheizt.
Er ist vom Gewicht her schwer zu verarbeiten.
Er liefert fast keine Nährstoffe für den Boden.</td></tr>
<tr><td>Sand, grob oder fein</td><td>sehr lange</td><td>ziemlich teuer</td></tr>
<tr><td>Bruch-Schiefer</td><td>lange</td><td>teuer</td></tr>
<tr><td>Puzzolan</td><td>sehr lange</td><td>teuer</td></tr>
</table>

Organischer Mulch	Haltbarkeit	Kosten	Eigenschaften und Anmerkungen
Laub	einige Monate	keine, sofern genug Laub im Garten anfällt	Ausgezeichnet, um die Struktur des Bodens zu verbessern. Man kann langsam und schnell kompostierende Materialien mischen, um langanhaltenden Nutzen zu haben. Versäuert den Boden in geringem Maße. Stickstoffmangel möglich. Das Laub von Platanen und harte Blätter wegen zu langsamer Zersetzung meiden, ebenso das Laub der Walnuss, denn es enthält Juglon, was für manche Tiere und Pflanzen toxisch ist.
Hackschnitzel von Laubgehölzen	1–2 Jahre, je nach Stärke der Schicht	keine, sofern genug Sträucher im Garten sind	Ausgezeichnet zur Verbesserung der Bodenstruktur. Versäuert den Boden in geringem Maße. Stickstoffmangel möglich.
Stroh	einige Monate	günstig	Leicht bei einem Agrarbetrieb zu bekommen. Versäuert den Boden in geringem Maße. Stickstoffmangel möglich. Kann bei zu dicken Schichten schimmeln. Lockt Ratten und Mäuse an.
Pinienrinde	3–5 Jahre	ziemlich teuer	Langlebig und zweckdienlich als Bodenbedeckung. Zersetzt sich nicht schnell. Gibt Tannin ab, was manche Pflanzen nicht mögen. Manchmal erfolgt starke Übersäuerung des Bodens.
Rasenschnitt	einige Monate	keine	Einfach direkt beim Rasenmähen zu gewinnen. Gras gut trocknen lassen oder eine Schicht von höchstens 5–10 cm ausbringen, damit es nicht zu faulen beginnt. Könnte zuweilen zu viel Stickstoff enthalten.
Lein- oder Hanf-Pellets	1 Jahr	teuer	Sehen schön aus. Nicht von Dauer, werden vom Wind weggetragen.
Kakaoschalen	1 Jahr	teuer	Sehen schön aus. Nicht von Dauer, werden vom Wind weggetragen. Manche Menschen mögen den ausgeprägten Geruch nicht. Könnten für Hunde giftig sein.
Pappschachteln	einige Monate	günstig bis kostenlos	Sehr nützlich, wenn man ein Beet zum Anbau vorbereitet. Aber Vorsicht: Die Pappe könnte Giftstoffe enthalten.

LEBENDE PFLANZEN ALS BODENBEDECKUNG

Wenn man ein Beet neu anlegt, ist eine Strohschicht zwischen den Pflanzen ideal. Ähnlich wirkt eine dichte Bepflanzung gemischter Arten: Sie bildet im Laufe von Monaten selbst eine Bodenbedeckung aus trockenem Laub oder Trieben aus. Das führt zu stetem Aufbau von Substrat sowie Nährstoffeintrag in den Boden und verhindert das Auflaufen von Unkraut und die Verdunstung von Wasser.

ETAGENDENKEN

In natürlichen Lebensräumen nehmen die Pflanzen verschiedene Vegetationsschichten (Etagen) ein. Im Garten muss man dieses komplexe Gesamtsystem nicht nachahmen, doch kann man sich davon inspirieren lassen, um sich das Gärtnern zu erleichtern.
Man unterscheidet im Allgemeinen fünf Schichten:

- unterirdische Schicht (Wurzeln, Zwiebeln, Rhizome und Knollen)
- Moosschicht (alle Moose)
- Krautschicht (alle nicht verholzenden Pflanzen)
- Strauchschicht
- Baumschicht (der Theorie zufolge die Etage über 7 m Höhe).

Dem fügt man die Kletterpflanzen hinzu, die sich zwischen den Schichten hindurchranken.

Haben Sie keine Angst vor dichtem Bestand: Ein Waldsaum ist Heimat von 20–30 verschiedenen Arten, bei einer dauerhaften Wiese kann die Zahl auf 30–60 ansteigen. Manchmal leben Hunderte Pflanzenindividuen eng gedrängt auf wenigen Quadratmetern, während in Gärten und angepflanzten Beeten des öffentlichen Grüns dieser Wert bei 1–5 Pflanzen pro Quadratmeter liegt – und noch dazu von einer einzigen Art!
Mit dem überlappenden Bewuchs kann man das gleiche Ergebnis erzielen wie mit Mulch, also weniger Jäten, günstigere Wasser- und Nährstoffverfügbarkeit, besserer Unterschlupf für die Nützlinge und generell eine bessere Resilienz (Widerstandsfähigkeit gegen ungünstige Witterung). Eine Pflanzendichte von 10–15 Individuen (oder mehr) pro Quadratmeter ist dabei kein Luxus.
Außerdem ergibt sich durch viele unterschiedliche Pflanzen bei einem großen Beet zugleich ein abwechslungsreicher Anblick über das ganze Jahr hinweg, was ja gewünscht wird. Insgesamt muss man Pflanzen vergesellschaften, die annähernd gleiche Robustheit aufweisen, und man sollte niedrige und hoch wachsende Arten gut staffeln, damit die Gesamtanlage Volumen bekommt.

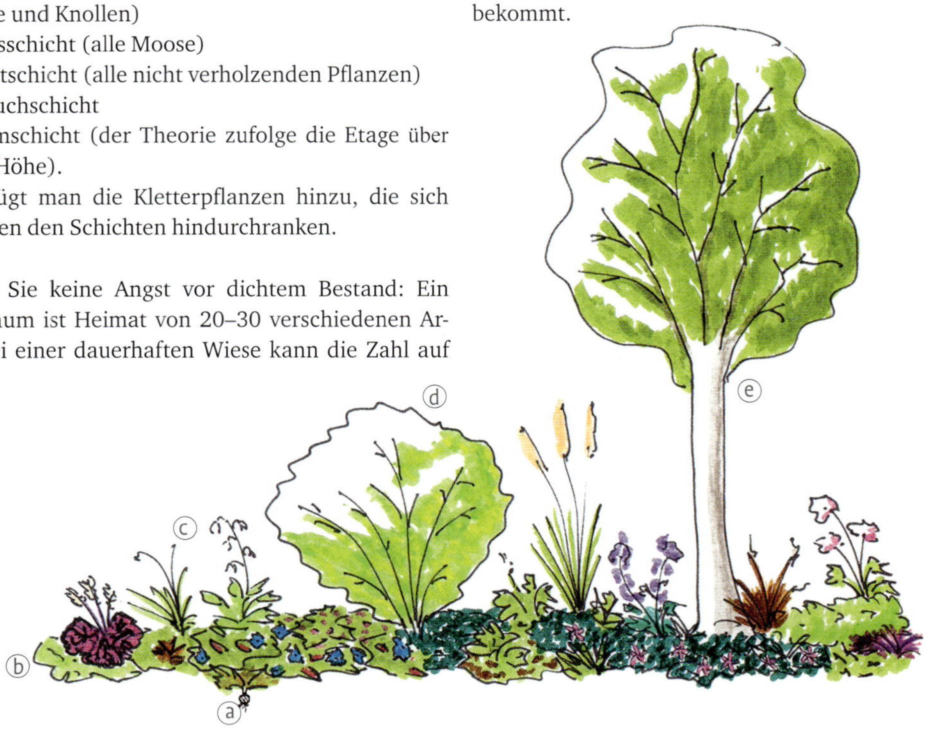

Gegenüber: Eine ausgewogene Bepflanzung, bei der die Etagen der Vegetation schön ineinandergreifen, verträgt die Trockenheit besser.

BESSER IN DER TIEFE WÄSSERN

Keimlinge und Jungpflanzen, frisch gesetzte Pflanzen oder schlichtweg eine nicht für den Standort geeignete Auswahl an Arten müssen gut bewässert werden. Doch das ist leichter gesagt als getan.

WANN?

Am klügsten ist es, früh morgens zu gießen, um die Hitze zu meiden. In der Tagesmitte verdunstet das Wasser zu schnell und ein bedeutender Anteil gelangt gar nicht bis zu den Wurzeln. Vom Abend ist für die Pflanzenarten dränierter (durchlässiger) Böden abzuraten, weil in der Nacht die Bodenoberfläche womöglich nicht genug abtrocknet, was zu Fäulnis bei diesen Arten führen kann.

MENGE UND HÄUFIGKEIT

Auch wenn man sich am einfachsten nach einem erprobten Bewässerungskalender richtet, ist diese Methode in der Praxis eher riskant. Lernen Sie Ihre Pflanzen lieber kennen, „fühlen" Sie, ob die Pflanzen Durst haben oder noch warten könnten.
Es ist besser, in bestimmten Intervallen große Wassermengen zu vergießen als mit großer Häufigkeit kleine Mengen, zum Beispiel lieber einmal wöchentlich 70 Liter als täglich 10 Liter. Diese Methode durchfeuchtet den Boden dauerhafter und wirkungsvoller auf Wurzelebene.

WURZELN UND BLÄTTER

Achten Sie darauf, niemals die Blätter ihrer Pflanzen zu begießen. Bei feuchtem Wetter können die Blätter faulen. Man gießt die Sträucher und Stauden besser rund um den Wurzelhals.

Mit einem Wasserbottich mitten im Gemüsegarten hat man immer Wasser in Umgebungstemperatur vorrätig.

OYAS

Im Süden Frankreichs verwendet man traditionell in den Boden eingegrabene Tonkrüge, um die Bewässerung unmittelbar unter den Sträuchern zu sichern. Die Krüge aus Terrakotta – Oyas genannt – werden mit Wasser gefüllt und geben ihren Inhalt langsam an die Umgebung ab. Dadurch hält sich die Feuchtigkeit einige Tage lang im Boden. Die Methode ist sehr wirkungsvoll für eine gut entwickelte, Dutzende Zentimeter tief reichende Bewurzelung.

Oya, links neu gekauft und rechts eingegraben.

Oberflächliche Bewässerung ist nicht nur aufgrund der Verdunstung ziemlich ineffizient, sie hat zudem den Nachteil, dass sich die Wurzeln auch nur oberflächlich entwickeln, dadurch werden die Pflanzen bei Austrocknung der oberen Bodenschicht stark gestresst.

AUTOMATISCHE BEWÄSSERUNG

Die massenhafte Verbreitung von automatischen Beregnungssystemen und Tropf-Schläuchen hat zu ihrem Einsatz in Privatgärten geführt, zuweilen selbst auf winzigen Flächen. Man kann die Funktionen manuell vom Haus aus in Gang setzen oder ein programmierbares System verwenden, das die Bewässerung selbst steuert. Diese Systeme haben aber nicht nur Vorteile:

Bei Sprühberegnung kommt nur eine verschwindend geringe Wassermenge bei der Pflanze an. Der Rest verdunstet oder gelangt schlichtweg nicht dorthin, wo man das Wasser eigentlich braucht.

Die Tropf-Schläuche können wirkungsvoll sein, aber die richtige Dosierung und Regelung erfordert genaue Einstellungen. Sind die Tropfauslässe schlecht platziert, bekommt nur ein Teil der Wurzeln genug Wasser. Kommt zu wenig Wasser heraus, ist das System ineffizient. Bei einem Zuviel staut sich das Wasser und führt schlimmstenfalls zum Faulen der Pflanzen, im günstigsten Fall sickert das Wasser ungenutzt weg.

GIESSEN SIE NEUPFLANZUNGEN!

In den meisten Fällen muss man eine Pflanze direkt nach dem Auspflanzen mit Wasser versorgen, auch wenn es regnet. Das Wässern sorgt dafür, dass luftgefüllte Hohlräume verschwinden, die aufgelockerte Erde sich setzt und sich gut um die Wurzeln legt. Diese sterben ab, wenn sie zu lange mit Luft in Kontakt kommen.

WURZELSYSTEM DER STAUDEN

Fetthenne: von Natur aus nicht tief reichendes Wurzelsystem

Oberflächlich gewässerte Staude im Vergleich zu tief bewässerter Staude

Oberflächliches Gießen

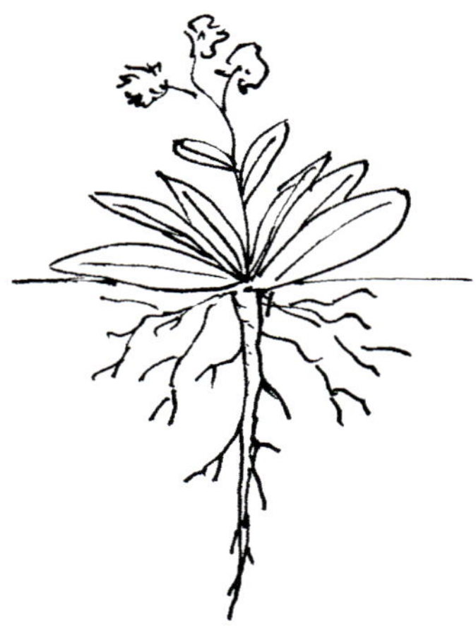

Tiefenbewässerung

LEBENDIGE BÖDEN FÖRDERN

Böden sind komplexe und sehr lebendige Gefüge. Die darin wachsenden Pflanzen sind von ihrer guten Gesundheit abhängig. In einem Gramm Erde können mehrere Milliarden einzelne Mikroorganismen von Millionen unterschiedlicher Spezies sowie kleine Tiere leben. Die Mehrheit ist nützlich. Um dieses wimmelnde Leben und somit auch die Fruchtbarkeit des Bodens zu erhalten, sollte man nicht tief umgraben

Die Grabgabel, auch Grelinette genannt, ist ein unverzichtbares Gerät, um den Boden zu verbessern, ohne ihn umzugraben. Kaufen Sie ein stabiles Modell!

Herbstlaub schützt den Boden und ernährt die Fauna, die ihn bearbeitet, belüftet und anstelle des Gärtners düngt.

BEDEUTUNG DER MYKORRHIZA

Unter den im Boden lebenden Mikroorganismen spielen die Mykorrhiza-Pilze die vielleicht wichtigste Rolle. Es handelt sich um verschiedene Arten von Mikroorganismen, die mehrheitlich in einer Symbiose mit den Pflanzen leben, indem sie deren Wurzeln besiedeln. Die Pilze sind nicht in der Lage, selbst Glykoside zu synthetisieren, durch die Symbiose jedoch partizipieren sie an den von ihrer Wirtspflanze gebildeten Zuckermolekülen. Die Wirtspflanze profitiert von diesem Austausch ebenfalls in mehrfacher Hinsicht. Am wichtigsten ist die exponentiell vergrößerte Ausdehnung und Absorptionsoberfläche, da die feinen Fäden des Myzels (der vegetative Teil des Pilzes) den Wurzeln der Pflanze erlauben, ein Hunderte Male größeres Bodenvolumen zu erschließen als sie es allein könnten. Folglich kann die Pflanze auch Wasser und Nährstoffe aufnehmen, die sonst nicht erreichbar wären. Wenn Sie also den Pilzen ermöglichen, dass sie den Boden besiedeln und mit den Pflanzen symbiontisch leben, dann werden die Pflanzen widerstandsfähiger gegen klimatische Widrigkeiten und Stressfaktoren, die eventuell zum Tragen kommen.

oder mit schweren Maschinen bzw. Motorpflügen arbeiten.

Verwenden Sie sanftere Methoden der Bodenbearbeitung, zum Beispiel die Grabgabel, die den Boden belüftet ohne ihn zu schädigen. Graben Sie ihn auf keinen Fall um, obwohl man das immer noch häufig sieht. Die oberen Schichten des Bodens bis in eine Tiefe von 30 cm sind gewöhnlich besonders voller Leben und fruchtbar. Wenn man beim Umgraben die Schichten dreht, beerdigt man quasi die interessanteste Schicht ganz unten und holt eine Lage heraus, die erst nach Monaten annähernd so fruchtbar wird wie die vorherige.

Bei normalem Gartenboden ist die beste Lösung … nichts zu tun. Lediglich lockern sollte man ihn von Zeit zu Zeit und dann einen geeigneten Mulch ausbringen.

Als Containerware gezogene Bäume und Sträucher lassen sich zum günstigsten Zeitpunkt aussuchen. Man wartet am besten bis zum Spätsommer oder Frühherbst, um sie bei guten Bedingungen zu setzen.

PFLANZZEITEN ANPASSEN

Der gesunde Menschenverstand weiß zwar, dass man weder bei Sommerhitze noch bei Frost im Winter auspflanzt, doch je nach Gegebenheiten muss man darüber hinaus auch noch besondere Pflanzzeiten wählen. Günstig ist der Zeitpunkt, ab dem die Pflanzen bis zum Einsetzen von Frost oder Hitze noch gut anwurzeln können.

Für die meisten verholzenden Arten (Bäume und Sträucher) ist der Frühherbst die beste Zeit, also von Oktober bis Dezember. Der langsame Übergang in die Ruhephase verringert die Abgabe von Feuchtigkeit und die Nährstoffaufnahme aller oberirdischen Partien zugunsten der Wurzelbildung. Im Winter kann auch gepflanzt werden, doch sollte man die Pflanzen nicht ausgerechnet vor einem harschen Frost setzen. Wurzelnackte Sträucher und Bäume eignen sich besonders gut für die winterliche Pflanzung.

Bei Stauden kann man den Zeitraum auf den Spätsommer ausdehnen, wenn das Jahr mild ist. Der noch warme Boden begünstigt die Bildung neuer Wurzeln und die Stöcke haben sich bis zum Winteranfang gut etabliert.

Der Herbst eignet sich auch für Pflanzen aus dem Mittelmeerraum und aus aridem Klima, weil deren

Frostempfindliche Arten sollte man bevorzugt im Frühling pflanzen und dann während des ersten Sommers immer wieder gießen.

Wachstum vor allem in diese Zeit fällt.

Das Pflanzen im Frühling hat den Vorteil, dass die Kulturen sich unmittelbar nach dem Setzen schön entwickeln (wir sind ja immer ungeduldig!). Ein besonders trockenes, heißes Jahr ist für die Beete allerdings gefährlich, sofern die Pflanzen nicht genug Zeit hatten ordentlich zu wurzeln.

RICHTIG PFLANZEN

Bei Bäumen und Sträuchern wird der Zustand der unterirdischen Teile oft vernachlässigt, er ist aber meistens ebenso wichtig wie das Aussehen der Stämme und Äste. Um die Qualität zu beurteilen, sollte man den Ballen aus dem Topf heben. Wenn ein Strauch zu lange im Topf stand, dann bilden die Wurzeln einen dichten Knoten, was dem guten Anwurzeln hinderlich ist – und damit dem kräftigen Wuchs. Glücklicherweise gibt es ein einfaches Heilmittel: Wenn Sie trotz allem eine Pflanze mit Wurzelknäuel gekauft haben, schneiden Sie alle verknoteten und verdrehten Wurzeln mit der Gartenschere ab.

Bäume und Sträucher mit Pfahlwurzelsystem (Eichen, Kiefern), das verknäult gewachsen ist, brauchen einen Rückschnitt der kümmerlichen Pfahlwurzel, damit sie zur Bildung einer neuen, robusten Wurzel angeregt werden. Jungpflanzen von forstwirtschaftlich gezogenen Bäumen kommen in Töpfen in den Handel, die vertikal gerillt sind. Das verhindert die Knäuelbildung der Wurzeln. Sie sind zwar teurer, aber die Wurzelstöcke sind meist gesund.

Bei Stauden gehen Sie auf gleiche Weise vor wie bei Gehölzen: Nehmen Sie die Pflanze aus dem Topf und entwirren und kürzen Sie alle Wurzeln, die sich an die Innenwandung gelegt hatten.

Manche Töpfe verhindern die Bildung verschlungener Wurzeln, dadurch fassen tiefe Wurzeln leichter Fuß.

Bäume und Sträucher mit verknäulten Wurzeln wachsen schlecht an und benötigen für lange Zeit eine Bewässerung.

AUSSAAT BEVORZUGEN

Die meisten Gärtner haben sicher schon erlebt, dass manche Pflanzen am zugedachten Standort kümmerlich bleiben, während sie sich an anderen Stellen erfolgreich selbst aussäen und gesund bleiben. Warum sollte man sich diese Eigenschaft nicht auch in einem Garten mit „Wasserdurst" zunutze machen?

Viele Arten sind tatsächlich schwieriger zu kultivieren, wenn sie nicht von selbst aufgegangen sind oder nicht besonders jung gepflanzt wurden. Das gilt vor allem für Arten mit Pfahlwurzeln (*Eryngium, Angelica, Foeniculum* usw.) und Zweijährige oder kurzlebige Stauden (*Verbascum, Linaria, Aquilegia, Thymus* usw.). Beide Kategorien mögen es nicht, wenn sie als ausgewachsene Pflanzen umgesetzt werden. Säen Sie daher direkt vor Ort aus, wenn Sie das Saatgut bekommen können. Oder kultivieren Sie eine einzelne Pflanze, bis deren Samen gereift sind. Sie müssen vielleicht einige überschüssige Pflanzen entfernen, wenn die Saat zu gut aufläuft. Doch die verbleibenden Pflanzen sind besser an trockene und ungünstige Bedingungen angepasst als wenn es von Ihnen ausgepflanzte Individuen wären.

AUSWAHL TROCKENHEITSVERTRÄGLICHER PFLANZEN, DIE SICH IM GARTEN SELBST AUSSÄEN

Botanischer Name	Deutscher Name	Lebensform
Angelica spp.	Engelwurz	kurzlebige Staude
Aquilegia spp.	Akelei	kurzlebige Staude
Cyclamen coum	Vorfrühlings-Alpenveilchen	Staude mit Knolle
Dianthus deltoides	Heide-Nelke	Staude
Digitalis ferruginea	Rostiger Fingerhut	Zweijährige
Digitalis lutea	Gelber Fingerhut	Staude
Eryngium spp.	Mannstreu, Edeldistel	kurzlebige Staude
Foeniculum vulgare	Fenchel	Staude
Gaura spp.	Prachtkerze	kurzlebige Staude
Geranium endressii	Pyrenäen-Storchschnabel	Staude
Geranium sanguineum	Blutroter Storchschnabel	Staude
Geranium sylvaticum	Wald-Storchschnabel	Staude
Helleborus foetidus	Stinkende Nieswurz	Staude
Helleborus × hybridus	Nieswurz, Christrose	Staude
Hypericum spp.	Johanniskraut	Halbstrauch
Iris foetidissima	Übelriechende Schwertlilie	Staude
Iris versicolor	Verschiedenfarbige Schwertlilie	Staude
Lathyrus vernus	Venezianische Platterbse	Staude
Linaria purpurea	Purpur-Leinkraut	kurzlebige Staude
Melissa officinalis	Melisse, Zitronen-Melisse	Staude
Myrrhis odorata	Süßdolde	Staude
Nassella tenuissima	Mexikanisches Fiedergras	Süßgras
Prunella spp.	Braunelle	Staude
Thalictrum flavum subsp. *glaucum*	Wiesenraute	Staude
Thymus vulgaris	Echter Thymian, Quendel	Halbstrauch
Verbascum spp.	Königskerze	Zweijährige
Veronica spp.	Ehrenpreis	Staude
Viola labradorica	Labrador-Veilchen	Staude
Viola odorata	März-Veilchen	Staude

PFLANZEN UND **TROCKENHEIT**

Auf unserem Planeten gibt es zahlreiche Lebensräume mit mehr oder minder starker Trockenheit. In diesen Gebieten entwickelten Pflanzen bestimmte Merkmale, mit deren Hilfe sie besser mit den widrigen Bedingungen fertig werden können.

TROCKENE LEBENSRÄUME IN DER NATUR

WÜSTEN UND STEPPEN

Eine Wüste ist per Definition ein trockenes Gebiet; das heißt die dortigen Niederschläge liegen unter 250 mm/m² pro Jahr. In dieser Vegetationszone ist der Boden sehr arm an Nährstoffen, nackt und durch Winderosion abgetragen. Man trifft auf eine xerophytische Flora (griech. *xeros* = trocken) mit hartem Laub, das die Verdunstung einschränken und Wasser speichern kann. Diese Pflanzen sind so gut an den extremen Lebensraum angepasst, dass man sie nur schwer in einem Garten kultivieren kann, denn bei geringstem Feuchtigkeitsüberangebot setzt Fäulnis ein.

Manche Übergangszonen zum feuchteren Klima werden als semiarid bezeichnet. In den Halbwüsten dieser semiariden Klimazonen fallen Niederschläge von 250–500 mm pro Jahr. In erster Linie handelt es sich um Steppen – ausgedehnte Graslandschaften mit einem Bestand an Sträuchern sowie wenigen bis keinen Bäumen. Man findet sie in den Ebenen Zentralasiens.

GEBIETE MIT MEDITERRANEM KLIMA

Anders als der Name vermuten lässt, sind diese Gebiete nicht auf den Mittelmeerraum beschränkt, sondern bezeichnen weltweit gemäßigte Klimazonen mit heißen, trockenen Sommern und milden, feuchten Wintern. Kalifornien, die Südwest-Küste Australiens, das chilenische Kernland oder die Kapprovinz in Südafrika zählen beispielsweise hierzu.

Gebiete mit mediterranem Klima bieten einer immensen Vielfalt von Tier- und Pflanzenarten eine Heimat. Die dort heimischen Pflanzen vertragen aber oftmals kaum Frost und sind in nichtmediterranen Gebieten mit fehlender Wasserdurchlässigkeit der Böden und kalten, nassen Wintern eher schwer zu kultivieren. Die Küstenlandstriche bilden eine Ausnahme.

Sandwüste in Marokko

Gegenüber: Mediterrane Flora mit Pinien, Mastix-Sträuchern, Ginster, Perückensträuchern und spärlichen Gräsern.

KÜSTEN

An den Meeresküsten herrscht für Pflanzen eine physiologische Trockenheit, die durch das Salz ausgelöst wird (osmotische Wirkung). Entweder ist das Wasser selbst salzig oder die Gischt. Hinzu kommt noch der Abrieb durch Wind und Sandkörnchen. Alle Lebensräume am Meer weisen daher Pflanzen auf, die in ihren Eigenschaften den Pflanzen der ariden Zonen sehr ähnlich sind. Pflanzen, die im salzigen Milieu gedeihen und ihren Organismus selbst entgiften können, nennt man Halophyten.

SCHÜTZENSWERTE LEBENSRÄUME

Mit dem Rückgang der extensiven Landwirtschaft verschwinden seit einigen Jahrzehnten auch die Trockenrasen. Es sind empfindliche und seltene, unbedingt schützenswerte Biotope. Wenn Sie durch Zufall ein Grundstück haben, das teils oder ganz aus Trockenrasen besteht, genießen Sie es und erhalten Sie das Biotop gesund! Dazu gibt es folgende Maßnahmen:

- Sorgen Sie dafür, dass es nicht verbuscht. Reißen Sie junge Gebüsche (Bäume und Sträucher), die von selbst aufgegangen sind, aus; sonst schließt sich über der Wiesenfläche ein Blätterdach.
- Mähen Sie mit Bedacht. Lassen Sie dabei vor allem den empfindlichen Arten Zeit zum Ausreifen der Früchte und zur Verbreitung der Samen. Passen Sie also den Termin, zu dem Sie eingreifen, an, zum Beispiel erst Ende Juni, wenn Ihr Bestand viele Frühjahrsblüher hat.
- Widerstehen Sie dem Gedanken, den Boden mit Dünger verbessern zu wollen. Nach wenigen Jahren hätten Sie durch Düngung nur noch eine normale Wiese mit wenigen alltäglichen und dominanten Gräsern (Knäuelgras, Lolch, Hundszahngras).

PRÄRIEN UND TROCKENRASEN

Prärien sind nordamerikanische Steppen mit relativ niedrig wachsender Vegetation, die sich überwiegend aus Stauden und Gräsern zusammensetzt und auf kargen Böden in gemäßigtem Klima maximal 1 m hoch aufwächst. Kalkböden mit Orchideenbestand sind ein markanteres Beispiel. Aus ökologischer Sicht kann man sagen, dass eine Präriewiese umso artenreicher ausfällt, je ärmer der Boden an Nährstoffen ist. Man findet dann hoch spezialisierte Arten vor, die unter kargen Umständen gut gedeihen, jedoch in einem Milieu mit viel Konkurrenz nicht überleben.

Unter bestimmten Bedingungen entwickelt sich eine Pflanzendecke, die noch niedriger und geduckt wächst, der sogenannte Trockenrasen. Er entsteht besonders auf kalkhaltigen, kargen und sehr durchlässigen Böden, manchmal in Hanglagen sowie Hügellandschaften.

ALPINES MILIEU

In den Bergen bildet sich die Vegetation je nach Höhenlage und Exposition unterschiedlich aus. Oberhalb von 2000 Höhenmetern verschwindet der Nadelwald zugunsten niedriger Vegetation, der Alpenwiesen, die man auch als alpine Vegetationsebene bezeichnet. Die Pflanzen in dieser Höhenlage erleben unterschiedliche Stressfaktoren, die alle in Zusammenhang mit der Höhe stehen. Kälte, Wind und Schnee beeinflussen ihre Entwicklung und schränken das Wachstum oft über mehrere Monate im Jahr hinweg ein.

Oberhalb von 3000 Höhenmetern überlässt der alpine Rasen seinen Platz den Felsen und Halden, wo Moose und Flechten und einige wenige, kümmerliche Blütenpflanzen überdauern. Dies ist die Zone der Schneegrenze.

Aufgrund der feindlichen Lebensbedingungen weisen manche Vertreter der alpinen Flora morphologische Übereinstimmungen mit den Arten des trockenen oder ariden Klimas auf.

Die Vegetation an den Meeresküsten ist an die Trockenheit angepasst, die durch Wind und Salzgehalt des Wassers entsteht.

Alpenwiesen in 2300 m Höhe auf silikathaltigem Boden im Mercantour (Frankreich) im Juli. Der Berg überzieht sich zu dieser Zeit mit Blüten und die Vielfalt der Blütenstände ist beeindruckend.

Von Fels unterbrochener Trockenrasen mit niedrigen Büschen.

Anacamptis pyramidalis ist eine für trockene Kalkhänge typische Orchidee.

ANPASSUNG VON PFLANZEN AN DIE TROCKENHEIT

Als Reaktion auf einen Stressfaktor haben Pflanzen keine andere Möglichkeit als die Entwicklung spezieller Überlebenstechniken. Trockenheitsverträglichkeit führte rund um den Erdball zu einer Selektion bestimmter Strategien. Nachfolgend werden einige der typischen Merkmale von trockenheitstoleranten Pflanzen beschrieben, wobei einige Arten zur Steigerung der Effizienz mehrere Strategien kombinieren.

MORPHOLOGIE DES BLATTES

Die Blätter sind die Organe der Photosynthese, der Atmung (ja – auch Pflanzen atmen) und der Transpiration. Sämtlicher Gasaustausch läuft über mikroskopisch kleine Strukturen auf der Außenfläche der Blätter, diese Spaltöffnungen sehen aus wie Münder und werden Stomata genannt. Wenn eine Pflanze den Gasaustausch und damit die Wachstumsrate erhöht, indem sie diese Stomata öffnet, dann erhöht sich gleichzeitig auch die Verdunstungsmenge des Wassers. Dies ist bei trockenen oder windigen Bedingungen eher ein Nachteil.

✦ DERBE BLÄTTER

In mediterranem oder aridem Klima haben viele der heimischen Pflanzen immergrüne, ledrige, dicke Blätter mit einer wenig transpirierenden Haut. Das sind die sklerophyllen Arten, wozu zahlreiche Arten der Garrigue und der trockenen Wälder gehören: Mastix-Sträucher, Stein-Eichen, Erdbeerbäume, Steinlinden, Kreuzdorn, Stechwinde. Die Stomata sind bei diesen Arten an der Blattunterseite gruppiert, was einen Sonnenschutz darstellt und die Transpiration stark einschränkt.

✦ GERINGE GRÖSSE

Je größer ein Blatt ist, desto stärker ist es Wind und Sonne ausgesetzt. Dadurch steigen die Verdunstung und die Gefahren möglicher Schädigungen. Bei manchen Arten sind die Blättchen daher sehr klein geworden, zum Beispiel bei den alpinen Pflanzen wie *Dianthus, Saxifraga, Androsace* oder den mediterranen Arten wie Thymian, Ginster, Gamander. Das gilt auch für fast alle Koniferen, wobei ein Teil (Pinien und Wacholder) dadurch trockenheitsresistent wurde und die anderen (Lärche, Tanne und Fichte) in den Bergen in höheren Lagen als die Laubbäume gedeihen. Manche Blätter, beispielsweise des Rosmarins, sind sogar an den Rändern eingerollt und damit noch effizienter.

Gegenüber: Wachsartig überzogene Blätter in grauer oder bläulicher Farbe, Dickblättrigkeit und halmähnlicher Bau verraten die Anpassung an Luft- oder Bodentrockenheit.

Die Stein-Eiche (*Quercus ilex*) zeigt das typische Laub der sklerophyllen Pflanzen.

Der Rand des Rosmarinblatts ist eingerollt.

Der Gattungsname *Saxifraga* ist griechischen Ursprungs und bedeutet „Steinbrech“.

Wolliger Safflor (*Carthamus lanatus*), eine typische Pflanze der Garrigue, besitzt besonders stechende Blätter und Hüllblätter.

✦ DORNEN

Die teilweise oder vollständige Umwandlung von Blättern in Dornen stellt eine weitere gängige Strategie dar. Dadurch wird nicht nur die Blattoberfläche verringert sondern die Pflanzen gewinnen auch einen offensichtlichen Schutzmechanismus gegen Pflanzenfresser hinzu. Dornblätter finden sich bei vielen Arten aus trockenen Lebensräumen, darunter Kugeldisteln (*Echinops ritro*), Edeldisteln (*Eryngium* sp.), Wollköpfige Kratzdisteln (*Cirsium eriophorum*), Hauhechel (*Ononis minutissima*), Wolliger Safflor (*Carthamus lanatus*) und andere.

✦ BEHAARUNG

Manche Pflanzen bieten einen hübschen, seidigen Anblick, der durch eine weißgraue, seltener auch goldfarbene Behaarung auf den Blättern entsteht. Dabei handelt es sich um Auswüchse der Epidermiszellen, die mehr oder weniger regelmäßig verteilt sind. Man unterscheidet u. a. samtig behaarte Blätter mit aufrechtem Pelz (bei *Hydrangea aspera*), dann kurz und dicht mit grauem Pelz besetze Blätter wie bei *Salvia canescens* und flaumig, wollig behaarte Blätter, entweder mit langem, weichem Haarkleid wie

Die kurzen Haare auf den Blättern von Silberginster (*Argyrocytisus battandieri*) sorgen für den samtig-seidigen und attraktiven Anblick.

Beim Silberkerzenkaktus (*Cleistocactus strausii*) wirken die langen Haare und Dornen zusammen als bestmöglicher Schutz für die Epidermis. Die roten Auswüchse sind Blüten.

bei *Stachys byzantina* oder etwas watteartig wie bei *Achillea tomentosa*.
Ihre Funktionen sind vielfältig:
- Binden des Taus
- Schutz gegen Insekten
- Schutz gegen Sonneneinstrahlung
- Thermische Regulierung durch die Entstehung eines kühleren Luftkissens (oder bei Kälte wärmeren Luftkissens) zwischen Behaarung und Blattoberfläche, was die Austrocknung durch den Wind verhindert

Manchmal findet sich der Pelz auf der Blattunterseite, dann oft in Verbindung mit sklerophyllen Blättern zum Schutz der Spaltöffnungen.

✦ WACHSSCHICHTEN

Bei manchen Pflanzen entstehen Wachsschichten auf der Blatt- oder Fruchtoberfläche und auch sie wirken der Sonneneinstrahlung und Austrocknung entgegen. Die mehlig-weiße Schicht auf Weintrauben ist beispielweise nichts als ein Wachsüberzug, sie dient vor allem der Frische-Erhaltung. Durch das Wachs sehen Blätter oft silbrig, graugrün oder bläulich aus, man denke an Eukalyptus, Strand-Distel (*Eryngium maritimum*), blaue Sorten der *Hosta* wie 'Halycon' oder auch Kohl sowie zahlreiche Gräser.

GEDRUNGENER UND KISSENFÖRMIGER WUCHS

Die Halbkugel bietet aus geometrischer Sicht das günstigste Verhältnis für einen geringen Kontakt zwischen Pflanzenoberfläche und Atmosphäre. Mehr oder minder gedrungene Büschel und in einer noch niedrigeren Wuchsform die halbkugelig gerundeten, kompakten Kissen gehören daher als grundlegende Formen zu den in feindlichen Lebensräumen gedeihenden Arten, egal ob es um alpine Kälte, sengende Hitze oder trockenen Wind geht. Ein ähnlicher Effekt steckt auch hinter der Ausbildung zahlreicher, dichter Blattrosetten direkt über dem Erdboden. Dies ist bei zahlreichen alpinen Steinbrecharten oder der Hauswurz (*Sempervivum* sp.) zu beobachten. Die Pflanzen können sich in den kleinsten Spalten ansiedeln und breiten sich mit kurzen Stolonen oder Rhizomen in diesen Rissen weiter aus.

Strand-Disteln (*Eryngium maritimum*) besitzen eine wachsartige Kutikula, die für das graugrüne Aussehen sorgt.

Die in den spanischen Bergen heimische Grasnelke (*Armeria caespitosa*) bildet im Laufe der Zeit ein kleines Kissen dichter Blätter.

SUKKULENZ UND DAS SPEICHERN VON NÄHRSTOFFEN

Eine der wichtigsten Möglichkeiten, dem Wasser- und Nährstoffmangel vorzubeugen, ist die Fähigkeit, diese Stoffe genau dann zu speichern, wenn sie gerade vorhanden sind. Einige Pflanzenarten sind wahre Meister in der Kunst, Reserven anzulegen.

✦ SUKKULENTEN

Wenn man landläufig von „fetten Pflanzen" spricht, dann ist dies eigentlich ein falscher Begriff, denn ihre Reserven bestehen nicht aus Fetten! Besser wäre es, von sukkulenten Pflanzen zu sprechen, denn sie enthalten einen schleimigen Saft, der das Wasser speichert.

Zu dieser Kategorie gehört die Familie der Crassulaceae (*Sedum, Sempervivum, Crassula, Kalanchoe, Aeonium* u. a.). Weitere Vertreter von Blattsukkulenten finden sich in den Familien der

- Aizoaceae: *Delosperma, Carpobrotus, Aptenia, Lithops*
- Agavenartigen, die heute von den Botanikern zu den Asparagaceae gezählt werden: *Agave, Aloe, Yucca, Hesperaloe*
- Apocynaceae: *Hoya, Ceropegia*
- Cactaceae: fast alle Arten

Einige Beispiele sukkulenter Pflanzen (von links nach rechts und von oben nach unten): *Aloe squarrosa, Sedum rubrotinctum, Delosperma cooperi.*

- Euphorbiaceae: *Euphorbia* (zahlreiche kaktusähnliche Arten)
- Portulacaceae: *Portulaca, Lewisia*

Viele andere Pflanzenfamilien beinhalten eine oder wenige sukkulente Gattungen, was die Sukkulenz zu einer weltweit sehr verbreiteten Anpassung werden ließ. Man findet diese Pflanzen mehrheitlich in aridem Klima, wo Niederschläge rar und die Sonneneinstrahlung hoch ist.

✦ RHIZOME, ZWIEBELN UND KNOLLEN

Zahlreiche unserer heimischen Pflanzen können ebenfalls Reserven speichern. Namentlich sind es die **Geophyten**, also Arten, die im Winter verschwinden und in Form eines Speicherorgans unter der Erde weiterleben: Zwiebel, Rhizom, Knolle oder Mischformen.

Eine **Zwiebel** besteht aus einem kurzen Trieb, umgeben von dicken, eng anliegenden Blättern. Schneiden Sie einfach eine Schalotte in zwei Hälften und der Bauplan wird klar!

Geophyten in Form von Zwiebelpflanzen sind gut bekannt: Narzissen, Hyazinthen, Knotenblumen, Blaustern, Zierlauch, Lilien gedeihen in vielen Gärten.

Ein **Rhizom** ist ein verdickter, unterirdischer Horizontaltrieb, den man beispielsweise bei vielen Iris-Arten vorfindet (*Iris* Barbata-Elatior-Gruppe, *I. sibirica, I. pallida* usw.), bei manchen Farnen (z.B. *Phegopteris* sp.,), zahlreichen Seggen (*Carex*) oder sogar bei dem eher zweifelhaften Flügelknöterich (*Reynoutria* sp.).

Zuletzt gibt es auch noch etliche Geophyten mit **Knollen**. Diese Knollen sind verdickte Abschnitte der unterirdischen Triebe, man kennt sie von der Kartoffel, den Knollenbegonien (frostempfindlich), Topinambur oder Alpenveilchen.

Alle drei Typen von Speicherorganen erlauben es den Pflanzen, Wassermangel auch über längere Zeiträume hinweg zu überstehen. Sie können aber auch mehrere Tage außerhalb der Erde gelagert werden, manche Zwiebeln und Knollen sogar wochenlang, was die Vermarktung ohne Substrat in großem Stil vereinfacht.

Eine kuppelförmige Ballung von *Sempervivum-arachnoideum*-Rosetten in ihrem natürlichen alpinen Lebensraum (Alpen, 2400 m).

Die Zwerg-Iris (*Iris* Barbata-Nana-Gruppe) bildet kurze Rhizome aus, wodurch sie Trockenheitsphasen überdauern kann.

Alpenveilchen (*Cyclamen coum*) sind einfach im Garten zu kultivieren und blühen im Spätwinter (hier eine silbrige Form).

Lavendel und Heiligenkraut geben einen erstaunlichen Duft ab, wenn man sie zerreibt.

Zanthoxylum piperitum 'Purple Leaved'.

WURZELSYSTEM

Das von oben unsichtbare Wurzelwerk der Pflanzen dient zur Verankerung und zur Aufnahme von Wasser sowie Nährstoffen. Es ist nicht bei allen Pflanzen identisch aufgebaut und insbesondere die trockenheitstoleranten Arten haben zwei verschiedene Typen entwickelt:

Dichtes und flächiges, direkt unter der Oberfläche liegendes Wurzelwerk fängt das geringste Tröpfchen Wasser ein (Regen oder Tau).

In die Tiefe reichende Pfahlwurzeln ziehen das Wasser aus Bodenschichten, welche für andere Wurzeln unerreichbar bleiben.

Generell gilt, dass die Wurzeln umso weiter reichen, je trockener das Milieu ist. Daher reicht auch ein mittelgroßer Strauch mit seinen Wurzeln unter Umständen mehrere Meter oder Dutzende Meter in die Tiefe. Manche zapfen ihr Wasser direkt auf Höhe des Grundwasserspiegels.

ÄTHERISCHE ÖLE

Wenn Sie schon einmal eine Wanderung in der Garrigue gemacht haben, ist Ihnen vielleicht die Unmenge der duftenden Pflanzen aufgefallen. Der Geruch wird überwiegend von flüchtigen Ölen verursacht, die von Drüsen in den Blättern abgegeben werden. Unterschiedlich stark und auch unterschiedlich angenehm, haben diese Düfte für die Pflanze mehrere spezifische Funktionen.

- Abwehr von Pflanzenfressern: Der Geschmack der betroffenen Pflanzen ist oft unangenehm und die Substanzen können zudem auch giftig sein.
- Sonnenschutz durch die Reflexion auf den Tropfen.
- Kühlung: In gleicher Weise wie beim Pelz wird Luft zwischen Epidermis und den atmosphärisch gelösten Ölen eingeschlossen.
- Allelopathie: Das Wachstum der benachbarten Pflanzen wird verlangsamt oder das Keimen anderer Arten unter der Pflanze wird verhindert.

PIGMENTE

Viele Pflanzen treiben zum Schutz vor der Sonne farbig aus, meistens mit Jungtrieben in rötlichen oder purpurnen Tönen. Die roten und blauen Pigmente (Anthocyane) sind eigentlich komplexe Moleküle, die in den Zellen reichlich vorhanden sind. Alle purpurnen Zierpflanzen sind Selektionen mit hoher Anthocyan-Produktion. Das Phänomen erstreckt sich entweder auf ganzjährig oder nur zeitweise gefärbtes Laub – manche Sorten sind in dieser Hinsicht zuverlässiger als andere. Die meisten Sorten vertragen aber stärkere Sonneneinstrahlung.

SAISONALE RUHE

Bei starken Witterungsunterschieden mussten die Pflanzen ihren Entwicklungszyklus anpassen, um die feindlichsten Monate ohne großen Schaden zu überstehen.

Bei mediterranem und aridem Klima beginnt für sehr viele Arten im Sommer eine Vegetationsruhe (Dormanz), um die Trockenheit unbeschadet zu überleben. Viele Zwiebelpflanzen beschließen ihren Vegetationszyklus für einige Wochen und ziehen sich zurück. Sie reduzieren sich während der Trockenheit auf ein unterirdisches, schlafendes Organ. Sklerophylle immergrüne holzige Pflanzen verlangsamen das Wachstum bis zum Stillstand und ruhen auf diese Weise. Manche Arten verlieren ihre Blätter. Sie sind im „entschleunigten Modus“, bis die ersten Regenfälle wieder einsetzen und den Stoffwechsel reaktivieren. Er ist dann bis zum Spätfrühling des Folgejahres wieder aktiv.

EINJÄHRIGE

Manche Pflanzen verfolgen eine wirkungsvolle Extremstrategie, um sich der härtesten Zeit zu entziehen: vorher sterben!

Diese sogenannten Einjährigen (Annuellen) packen ihren gesamten Vegetationszyklus in die beste Jahreszeit. Ab dem Keimen stecken sie alle Kraft in die Fortpflanzung, das heißt die Produktion von Samen, und sie sterben rasch ab, nachdem die Samen ausgeflogen sind – je nach Klima vor Beginn des Sommers oder vor dem Winter.

Manche Botaniker sehen auch die Lebenszyklen der Zweijährigen (oder Dreijährigen) als Anpassung an die Trockenheit. Im ersten Jahr bildet die Pflanze eine Rosette, die den ganzen Sommer über direkt auf dem Boden sitzt. Im folgenden Frühling blüht die Pflanze, sät sich (reichlich) aus und stirbt ab.

Bronzefarbene Jungtriebe von *Staphylea holocarpa* sind durch ihre Farbe vor der Sonne geschützt.

Nach einem wunderbaren Frühlingsanblick legt sich der Zierlauch (*Allium* 'Globemaster') zur Ruhe, um der sommerlichen Trockenheit zu entgehen.

Kalifornischer Kappenmohn hat einen kurzen einjährigen Vegetationszyklus, in dem er schnell zur Blüte und Fruchtreife kommt.

TROCKENHEITS-TOLERANTE PFLANZEN **FÜR VOLLSONNIGE STANDORTE**

Diese Pflanzen mögen gut durchlässige, zu Trockenheit neigende Böden, damit sie gut gedeihen. Sie brauchen Abstand zu Bäumen, Sträuchern und jeglichem Schatten. In jeder Kategorie finden Sie eine Auswahl an passenden Arten, welche die Trockenheit über mehrere Wochen im Jahr hindurch vertragen.

GEOPHYTEN

Der Vegetationszyklus ermöglicht es, dass diese Pflanzen (mit Rhizomen, Zwiebeln oder Knollen) auch schwere Trockenheit überdauern, da sie nur zu günstigen Zeiten wachsen. Gießen ist unnötig, sogar schädlich.

✦ *LILIUM CANDIDUM*: MADONNEN-LILIE

SÜDEUROPA, NAHER OSTEN

Schuppige Zwiebel, nicht tief, lange gerade Triebe, lanzettliche Blätter. Von Mai bis Juli große, weiße Blüten mit goldfarbenen Staubgefäßen, am Abend duftend. Liebt kalkhaltige Böden. Leicht im Frühherbst durch Teilung der Wurzelstöcke zu vermehren. H × B: 120 × 30 cm

✦ *IRIS* BARBATA-ELATIOR-GRUPPE: GARTENIRIS

EUROPA

Zur Gruppe der Gartenhybriden gehören die kleinen Iris der Barbata-Nana-Gruppe, die mittelgroßen Iris der Barabata-Media-Gruppe sowie die großwachsenden Iris der Barbata-Elatior-Gruppe, die offiziell zu den *Iris* × *germanica*-Züchtungen gehören. Sehr große Zahl an Sorten, im Juni in allen Schattierungen von Weiß bis Schwarz blühend. Liebt kalkhaltige Böden. Teilung nach der Blüte führt dazu, dass im Folgejahr die Blüte ausbleibt. Rhizom muss an der Erdoberfläche bleiben. H × B: 80 × 30 cm.

Weitere empfehlenswerte Art:

- ***I. pallida***: malvenfarbene Blüten, deren zerkleinerte Rhizome früher (und gelegentlich bis heute) als Parfum- und Kosmetikzutat verwendet wurden.

✦ *IPHEION GRANDIFLORUM*: FRÜHLINGSSTERN

SÜDAMERIKA

Kleine Zwiebel, feine längliche Blättchen, die im Herbst austreiben, dann Blüte von März bis Mai. Die sternförmigen, relativ großen Blüten sind weiß mit malvenfarbenem Schatten. Es gibt weiße Sorten ('Alberto Castillo') oder blau-malvenfarbene ('Rolf Fiedler'). Achtung: Ist begehrt bei Wühlmäusen. H × B: 15 × 20 cm.

Gegenüber: *Ipheion* 'Alberto Castillo' mit Zypressen-Wolfsmilch (*Euphorbia cyparissias*).

Iris pallida, traditionell im Bestand trockener Gartenpartien.

Lilium candidum

ENTDECKUNG

Hermodactylus tuberosus: Wolfsschwertel
Kleine unbekannte Irisartige mit originellem Aussehen: Sehr lange, grasförmige Blätter, die im Winter erscheinen, im Frühling (März–April) große lindgrün-purpurne Blüten. Bildet im Lauf der Zeit durch die Knollen eine kleine Kolonie, leicht zu teilen. Zieht im Sommer ein. H: 30 cm (Blätter), 15 cm (Blüten).

Anthericum liliago

Nerine bowdenii

Asphodeline lutea

WEITERE GEOPHYTEN FÜR TROCKEN-VOLLSONNIGE PLÄTZE

✦ *ANTHERICUM LILIAGO*: ASTLOSE GRASLILIE

EUROPA

Büschel sehr feiner, blaugrüner Blätter, aus dem sich ein feiner Stängel mit großen, sternförmigen Blüten und goldfarbenen Staubgefäßen erhebt. Sehr elegante Blüte, zwischen Mai und Juli. Perfekt für kalkhaltige steinige und trockene Böden. Breitet sich langsam durch seitliche Ausläufer aus. H × B: 50–80 × 40 cm.

✦ *ASPHODELINE LUTEA*: JUNKERLILIE

NORDÖSTLICHER MITTELMEERRAUM

Aufrecht-lineare Pflanze mit sehr feinen, graugrünen Blättern, darüber goldgelbe Blüten in langen Trauben, Mai–Juni. Das Büschel breitet sich langsam durch kurze Rhizome aus. Perfekt bei steinigen Böden. Sät sich bei günstigen Bedingungen aus. H × B: 80 × 40 cm.

A. liburnica, später (Juni–Juli), sieht noch graziler aus.

✦ *NERINE BOWDENII*: NERINE

SÜDAFRIKA

Die zartrosafarbenen Blüten dieser Zwiebelpflanze erscheinen zwischen September und November und sorgen für Farbe in den herbstlichen Beeten. Das Laub folgt nach der Blüte oder im Frühling. Es gibt Sorten in Weiß bis hin zu Lachsrosa, diese sind jedoch nicht so winterhart. H × B: 45–60 × 40 cm. W: –10 °C.

✦ *ALSTROEMERIA × LIGTU*: INKALILIE

SÜDAMERIKA

Aus der Art *A. ligtu* gezüchtete Hybriden haben eine bessere Winterhärte und Robustheit. Sie bilden große pastellfarbene Blüten in der Palette von Orange, Rosa und Gelb, die im Juli und August erblühen. Die Pflanzen vermehren sich durch große Knollen, die einen gut durchlässigen, leichten und nährstoffreichen Boden brauchen. H × B: 70 × 60 cm.

Alstroemeria aurea (= *A. aurantiaca*)

Weitere empfehlenswerte Arten:

- ***A. aurea (= A. aurantiaca)***: ähnlich, hat große, leuchtend orangefarbene Blüten.
- ***A. isabelleana*** ist eine seltsame Art mit kleinen röhrenförmigen Blüten in Grün und Orange (50 cm).

✦ *AMARYLLIS BELLA-DONNA*: BELLADONNEN-LILIE

SÜDAFRIKA

Wunderbare Zwiebelpflanze, im August und September mit großen, pinkfarbenen Blütenkränzen. Man sollte sie an einen sehr geschützten, wasserdurchlässigen Standort setzen oder besser in einen Topf, damit man frostfrei überwintern kann. Die langen festen Blätter erscheinen nach der Blüte. Die Sommerruhe ohne Wassergabe unbedingt einhalten. H × B: 60 × 40 cm, W: –5 °C.

Amaryllis bella-donna

NIEDRIGE UND KRIECHENDE PFLANZEN

Niederliegend am Boden, sind diese Pflanzen vor dem Wind besser geschützt. Zudem kondensiert auf ihnen die Feuchtigkeit. Sie bilden eine schöne Kulisse für auffälligere Pflanzen.

Achillea crithmifolia

✦ *ACHILLEA CRITHMIFOLIA*: MEERFENCHELBLÄTTRIGE SCHAFGARBE

BALKAN

Eine wüchsige, teppichbildende Staude mit schönem grauem, immergrünem Laub, die von Mai bis Juli weiß blüht. Breitet sich wuchernd durch Ausläufer aus; es kann daher nützlich sein, den Wuchs durch einen Weg einzuschränken. Verträgt mäßiges Betreten und bietet sich daher auf trockenem Boden als Alternative zu Rasen an. Wird bei extremem Wassermangel im Sommer schütter, im Winter jedoch immergrün. H × B: 20 × 100 cm.

Achillea filipendulina 'Coronation Gold'

Weitere empfehlenswerte Arten:

- ***A. nobilis*** (50 cm), ***A. odorata*** (30 cm): Wuchs und Farben ähnlich.
- ***A. filipendulina*** 'Coronation Gold' (50 cm): Blatt silbrig, Blüten gelb.
- ***A.*** 'Moonshine': mit leuchtend hellgelben Blüten, sehr schönes silbriges, pelziges Blatt (45 cm).

Armeria maritima

✦ *ARMERIA MARITIMA*: GEWÖHNLICHE GRASNELKE

EUROPÄISCHE MEERESKÜSTEN

Eine Staude der Küsten und Kalkfelsen, die dichte Kissen grasähnlicher Blätter in glänzendem Grün bildet und sich langsam ausbreitet. Rosafarbene (oder weiße) Blütenkugeln an der Spitze langer Stängel, April bis Juli. Gischtverträglich, schön als Beeteinfassung, sofern kaum Konkurrenz vorhanden ist. Eher karge Böden. H × B: 20 × 30 cm und mehr.

Gegenüber: *Achillea* 'Moonshine'

Armeria pseudarmeria

Iberis sempervirens

Iris unguicularis

Weitere empfehlenswerte Arten:

- ***A. juniperifolia (= A. caespitosa)***: noch flacher (10 cm).
- ***A. pseudarmeria***: größeres Blatt und schütterer, Blütenstände rot, rosa oder weiß, im Verhältnis zum Blätterkissen sehr hoch ragend (40 cm).

✦ *IBERIS SEMPERVIRENS*: IMMERGRÜNE SCHLEIFENBLUME

EUROPA, AFRIKA, ASIEN

Bekannter Halbstrauch. Sehr guter immergrüner Bodendecker in Rabatten und Steingärten. Von April bis Juni ein Teppich weißer, kuppelförmiger Blütenstände mit gelben Staubgefäßen, im Spätsommer erneute Blüte, das Laub verschwindet unter den dichten Blüten. Nicht zu flachgründiger Boden und eher kalkhaltig. H × B: 20 × 50 cm und mehr.

✦ *IRIS UNGUICULARIS*: WINTER-IRIS

MITTELMEERANRAINER

Kleine, immergrüne Iris mit langen, festen, aufragenden Blättern. Blauviolette Blüten mit langen Perigonblättern und gelber Zunge, Dezember bis März. Es gibt eine weiß-gelbe Sorte ‘Alba’. Bildet mit den kurzen Rhizomen einen dichten Horst. Braucht Hitze und Schutz vor kaltem Wind. Dezenter Duft. Langsamer Wuchs. Karger, eher kalkhaltiger Boden. H × B: 30 × 50 cm und mehr, W: –12 °C.

✦ *ARABIS CAUCASICA*: KAUKASISCHE GÄNSE-KRESSE

KAUKASUS

Ausgedehnte Polster, immergrün oder halbimmergrün, im April und Mai von unzähligen weißen, nektarreichen Blüten überzogen. Ausgezeichnet, um rasch die Randbereiche kleiner Beete, Tröge oder Mäuerchen überhängend zu bedecken. H × B: 15 × 30 cm und mehr.

Vorherrschend verbreitete Sorten:
- 'Plena' (oder 'Flore Pleno'): mit gefüllten Blüten, steril, längere Blütezeit.
- 'Variegata': Blätter mit elfenbeinfarbenem Rand.
- 'Rosea': rosafarbene Blüten.

✦ *ASTER ALPINUS*: ALPEN-ASTER

EUROPÄISCHE BERGLANDSCHAFTEN

Sommergrüne, gedrungene Polster, ursprünglich heimisch auf alpinen Wiesen, im Verhältnis zur Pflanzengröße immens große, margeritenähnliche Blütenköpfe in Helllila, Rosa oder Weiß, mit gelbem Auge, Mai bis Juli. Als Massenpflanzung spektakulär zum Beispiel in Rabatten. Braucht tiefen Boden. H × B: 20 × 30 cm.

Arabis caucasica

Aster alpinus in ihrem natürlichen Lebensraum (Alpen, 2300 m).

Aubrieta deltoidea

Cerastium tomentosum

Aurinia saxatilis

✦ *AUBRIETA DELTOIDEA*: GRIECHISCHES BLAUKISSEN
EUROPÄISCHE BERGLANDSCHAFTEN
Wohlbekannte Staude, die elegante, immergrüne, blütenreiche Polster bildet. Für Beeteinfassungen oder kaskadenartig herabhängend. Zu flachgründige Böden vermeiden. Zahlreiche Sorten in Rosa bis Blauviolett. H × B: 10 × 30 cm und mehr.

✦ *AURINIA SAXATILIS*: FELSEN-STEINKRESSE
EUROPA UND ASIEN
Halbstrauch mit teilweise verholzenden Trieben, bildet ein Kissen mit unzähligen gelben, nektarreichen Blüten, die süßlich duften, Blüte von April bis Juni. Immergrünes, lanzettliches Blatt, silbrig. Für Beeteinfassungen sowie Kübel oder Steingärten. H × B: 20 × 50 cm.

Frankenia laevis

✦ *CERASTIUM TOMENTOSUM*: FILZIGES HORNKRAUT

EUROPA

Das Filzige Hornkraut ist ein weiterer großer Gartenklassiker und ein wirkungsvoller, wuchernder Bodendecker mit silbrigen, immergrünen Blättern. Sehr nützlich unter Sträuchern, die den Boden austrocknen. Die unzähligen weißen Blüten verdecken von Mai bis Juli das Laub. H × B: 10 × 80 cm und mehr.

✦ *GYPSOPHILA CERASTIOIDES*: HIMALAYA-SCHLEIERKRAUT

HIMALAYA

Ein Schleierkraut mit kleinen, runden Blättchen, bei mildem Klima immergrün. Das Polster ist von April bis Juni von weißen Blüten mit violetter Aderung überzogen. Sehr schöner Bodendecker für den Vordergrund oder für Kiesflächen. H × B: 10 × 30 cm.

- ***G. repens***: ebenfalls als Polster wachsend, aber etwas höher (20 cm), mit feinen Blättern und je nach Sorte rosafarbenen oder weißen Blüten.

✦ *FRANKENIA LAEVIS*: GLATTE SEE-HEIDE

STRÄNDE VON ATLANTIK UND MITTELMEER

Sehr flach wachsende Pflanze der Strände und daher gischtverträglich, bildet einen kräftigen Teppich aus winzigen, immergrünen Blättchen, die sich bei Frost rot verfärben. Sehr gutes „Bindeglied" zwischen höheren Stauden, aber einzeln als Bodendecker weniger wirkungsvoll. Rosafarbene Blüte im Mai und Juni. Kümmert auf zu schweren Böden. H × B: 2–5 × 50 cm. W: –12 °C.

✦ *OENOTHERA MISSOURIENSIS* (SYN. *O. MACROCARPA*): MISSOURI-NACHTKERZE

USA

Kleine, teppichbildende Staude mit lanzettlichen Blättern in leuchtendem Grün an kurzen, rötlichen Trieben. Die schwefelgelben, von Juni bis September erscheinenden Blüten öffnen sich abends, sind sehr kurzlebig, jedoch im Verhältnis zur Pflanze sehr groß. Sehr kleidsam für Mäuerchen und Trockenrabatten, liebt einen eher leichten, kargen und warmen Boden. H × B: 20 × 50 cm.

- ***O. fruticosa***: ähnlich, wächst mit 40–60 cm jedoch etwas höher, leuchtend gelbe Blüten.

Oenothera fruticosa

Petrorhagia saxifraga

✦ *PETRORHAGIA SAXIFRAGA*: STEINBRECH-FELSENNELKE

EUROPA

Kleine Nelkenblüte in blassem Rosa, Mai bis August. Lange, grüne Triebe, biegsam, die Blätter spitz zulaufend. Guter Bodendecker für kargen, kalkhaltigen Boden. H × B: 25 × 30 cm.

✦ *PHYLA NODIFLORA* VAR. *CANESCENS* (= *LIPPIA NODIFLORA*): TEPPICHVERBENE

SÜDAMERIKA

Sehr niedriger Bodendecker mit raschem Wachstum, von Juni bis September von kleinen, blasslilafarbenen Blüten überzogen. Trittverträglich, kann daher an trockenen Standorten den Rasen dort ersetzen, wo dieser sich im Sommer kaum hält. Im Winter wirft die Pflanze teilweise das Laub ab und sieht dann uninteressant aus. Günstig wäre es, sie mit einem anderen, im Winter grünen Bodendecker zusammen zu pflanzen (z. B. *Achillea crithmifolia*). In der Mittelmeerregion neigt die Pflanze zum Wuchern, daher sollte man sie keinesfalls dort pflanzen, wo empfindliche Ökosysteme in der Nachbarschaft liegen (niedrigwüchsige Matten, Salzwiesen). H × B: 1–5 × 100 cm und mehr, W: –12 °C.

✦ *PARONYCHIA KAPELA*: NAGELKRAUT

EUROPA

Pflanze im Bestand von Trockenrasen und auf Kalkschottergründen, teppichbildend. Winzige, immer-

Phyla nodiflora var. *canescens*

Paronychia kapela

Silene uniflora

Teucrium × lucidrys

grüne Blätter und von Mai bis Juli kugelförmige Blütenstände, die wie Seidenpapier aussehen. Eigentlich sind es Brakteen (Deckblätter), die im Verhältnis zur Pflanze recht groß sind. Ideal auf Mäuerchen oder an trockenen Kalkhängen. H × B: 2–5 × 40 cm und mehr.

✦ *SILENE UNIFLORA*: KLIPPEN-LEIMKRAUT

EUROPA

Eine Leimkraut-Art mit graugrünen, niederliegenden Trieben, die die europäischen Küsten überzieht. Große, weiße Einzelblüten mit aufgeblähtem Kelch, der wie ein Papiersäckchen aussieht, Juni bis September. Gut geeigneter Bodendecker in Küstenlagen oder auf kargen Halden. Im Handel sind gewöhnlich Sorten mit großen, reinweißen Blüten zu finden. H × B: 10 × 140 cm und mehr.

✦ *TEUCRIUM* × *LUCIDRYS*: BASTARD-GAMANDER

GARTENHYBRIDE

Kleine, halbimmergrüne Kissenpflanze mit zähen, glänzenden Blättern, im Sommer (Juni bis September) voller rosafarbener Blüten an langen Rispen. Sehr schöne Pflanze für Beetränder und Rabatten, man kann sie leicht zurückschneiden, damit sie dichter wächst. H × B: 30 × 40 cm.

ZEITWEISE TROCKENHEITSVERTRÄGLICH

- *Aster tongolensis*: Sichuan-Aster
- *Phlox subulata*: Polster-Phlox

Aethionema grandiflorum

Anacyclus pyrethrum var. depressus

STEINGARTEN-PFLANZEN

Die Pflanzen dieser Kategorie wachsen langsam, weshalb sie sich sogar für einen kleinen Steingarten oder einen Kübel eignen. Der Boden sollte aber so tief sein, dass sie gut wurzeln können. Dadurch entwickeln sie eine gute Resistenz gegen Trockenheit.

✦ *AETHIONEMA GRANDIFLORUM*: GROSSBLÜTIGES STEINTÄSCHEL

MITTELEUROPA

(Sub-)alpine Staude, die ein regelmäßiges, halbkugeliges Polster blaugrünen Laubs bildet. Nektarreiche, rosafarbene Blütentrauben von Mai bis Juli. Ausgezeichneter Bodendecker, sät sich bei guten Bedingungen von selbst aus. H × B: 15 × 40 cm.

✦ *ANACYCLUS PYRETHRUM* VAR. *DEPRESSUS*: MAROKKOKAMILLE

MAROKKO

Immergrüne Art, die sehr flache Polster mit kamilleähnlichem, geteiltem, graugrünem Laub bildet. Zahlreiche margeritenähnliche Blütenköpfe, weiß mit pinkfarbener Unterseite, schließen sich abends und öffnen sich morgens, Mai bis September. Kann sich in Felsspalten oder Ritzen alter Mauern aussäen. Karge Böden. H × B: 10 × 50 cm.

✦ *LEONTOPODIUM ALPINUM*: EDELWEISS

EUROPÄISCHE HOCHALPEN

Markante Pflanze des Alpenraumes, dort wegen übermäßiger Entnahme sehr selten. Weißfilziges Laub, die kurzen Rhizome bilden nach einigen Jahren einen dichten Horst. Im Juni und Juli elegante, weißfilzige „Blütenblätter" (Hochblätter) um den eigentlichen Blütenstand, zum Trocknen geeignet. Bei eher mageren Böden und genügend Substrattiefe einfacher zu kultivieren als gedacht. H × B: 15 × 30 cm.

– 'Mont Blanc' ist eine besonders wüchsige und blütenreiche Sorte.

✦ *LEWISIA COTYLEDON*: GEWÖHNLICHE BITTERWURZ

OREGON, KALIFORNIEN

Rosetten fleischiger, leuchtend grüner Blätter, immergrün, Ausbreitung durch die Bildung von Seiten-

Leontopodium alpinum 'Mont Blanc'

rosetten. Der Stängel trägt mehrere sternförmige Blüten, April bis Juni. Es gibt zahlreiche Hybriden in unterschiedlichsten Farben: Rosa, Lachsrot, Rot, Orange, Gelb und Weiß. H × B: 15 × 20 cm

✦ *ALYSSUM MONTANUM*: BERG-STEINKRAUT

EUROPA

Kissen mit kleinen, grau-grünen Blättern, von Mai bis Juli voller gelber Blüten, ähnlich der teppichbildenden Verwandten Felsen-Steinkresse (*Aurinia saxatilis*). Sehr nektarreich und stark duftend. Sät sich gelegentlich selbst aus. Im Handel findet man die stark blühende Sorte 'Berggold'. H × B: 15 × 50 cm.

Alyssum montanum

Aphyllanthes monspeliensis

Dianthus carthusianorum

✦ *APHYLLANTHES MONSPELIENSIS*: BINSENLILIE
MITTELMEER

Rundlicher Horst mit sehr schlanken Blättern, was der Pflanze ein gras- oder binsenähnliches Aussehen verleiht. Zahlreiche blassblaue, leichte Blüten, endständig an langen Stängeln, April bis August. Sehr harte, faserige Wurzel, schwer zu teilen. Bei kargem, steinigem Boden sehr ausdauernd. H × B: 20 × 30 cm, W: –12 °C.

✦ *DIANTHUS* SP.: NELKEN

Die eher kurzlebigen, hübschen Feder-Nelken (*D. plumarius*) sind gut bekannt, doch es gibt noch viele weitere Nelkenarten, die bei geeigneten Standortbedingungen sehr ausdauernd sind. Die nektarreiche Blüte dauert von Spätfrühling bis Frühsommer. Weil sich die immergrünen Büschel langsam ausbreiten, bilden die niedrigwüchsigen Arten schöne Kolonien. Bei zu reichen Böden müssen manche Arten geteilt werden, damit die Büschel nicht einfallen. Die gezeigten Arten sind bis mindestens –15 °C winterhart.

Nelken mit lockeren Horsten und Blüten an langen, aufrechten Stängeln

- ***D. carthusianorum***: kleine, rosafarbene Blüten. Sät sich selbst aus. 30–50 cm.
- ***D. cruentus, D. pinifolius***: grünes Blatt, kleine, blutrote Blüten. 25–50 cm.
- ***D. knappii***: flaschengrünes Laub und blassgelbe Blüten. 20–30 cm.
- ***D. rupicola***: bildet halbverholzende „Stämmchen“ aus, blaugrünes Blatt, rosafarbene Blüten. 25–40 cm.

Nelken mit flachem, dichtem Wuchs

- ***D. deltoides***: dunkelgrünes Laub, sehr bodennah, leuchtend rote Blüten mit dunklem Auge. Vermehrt sich leicht. 5 cm.
- ***D. gratianopolitanus***: nadelförmige Blätter, graublau, rosafarbene Blüten. Vermehrt sich leicht. 20 cm.
- ***D. squarrosus***: ähnelt der vorgenannten Art, noch flacher im Wuchs, Blüten reinweiß. 10 cm.

Gegenüber rechts: *Dianthus cruentus*
Gegenüber links: *Dianthus knappii*, eine sehr widerstandsfähige Art mit ungewöhnlichen Blüten

Inula montana

Euphorbia spinosa

✦ *EUPHORBIA SPINOSA*: STACHELIGE WOLFSMILCH

SÜDEUROPA

Kleine, kompakt wachsende Wolfsmilch, leicht stachelig, immergrün, kleine, blaugrüne Blätter. Bildet ein stabiles Kissen mit langsamem Wuchs. Gelbgrüne Blütenstände überziehen die Pflanze von Mai bis Oktober. Wie bei allen Wolfsmilchgewächsen Vorsicht mit dem klebrigen weißen Saft. Guter Bodendecker an steinigen, trockenen Orten. H × B: 30 × 60 cm.

Globularia alypum

✦ *GLOBULARIA ALYPUM*: KUGELBLUME

MITTELMEERANRAINER

Stark verzweigter, immergrüner Halbstrauch der Garrigue mit kleinen, blaugrünen Blättern. Kugelförmige, blauviolette Blütenstände, Februar bis Mai. Für karge, eher kalkhaltige und steinige Böden, sogar an der Küste. H × B: 50 × 40 cm.

Weitere empfehlenswerte Art:

– ***G. cordifolia*** (Herzblättrige Kugelblume): ähnliche Blütenstände, jedoch eine niedrige Staude mit holziger Wurzel. H: 15 cm.

Globularia cordifolia, in den Alpen stark verbreitet, einfach zu kultivieren.

✦ *INULA MONTANA* (SYN. *PENTANEMA MONTANUM*): BERG-ALANT

SÜDEUROPA

Pflanze der Weinberge und trockenen Mittelgebirgslagen in Südeuropa. Behaartes, lanzettliches Laub, bildet einen dichten, niedrigen Tuff. Blütenstängel mit großem, goldfarbenem Blütenkopf, Juni bis August. Karger Boden. H × B: 20 × 40 cm.

✦ *LITHODORA DIFFUSA*: STEINSAME

SPANIEN

Immergrünes Polster mit kleinen, behaarten Blättern in dunklem Grün an biegsamen, kriechenden Trieben. Azurblaue Blüten in großer Zahl, Spätfrühling. Guter Bodendecker für Rabatten. Geht bei zu schweren oder nassen Böden rasch ein, zu fette oder zu kalkhaltige Böden ebenfalls meiden. H × B: 15 × 30 cm und mehr.

Weitere empfehlenswerte Sorten:

– 'Heavenly Blue': enzianblau, sehr blühfreudig.
– 'Star': weiße Blüten mit blauen Streifen.
– 'Cambridge Blue': hellblaue, fast weiße Blüten.

Lithodora diffusa 'Cambridge Blue'

Lobularia maritima

Scutellaria alpina

Silene flos-jovis

✦ *LOBULARIA MARITIMA*: STRAND-SILBERKRAUT

EUROPÄISCHE MEERESKÜSTEN

Staude mit holzigem Stock, deren biegsame Zweige eine lockere, ausladende Kugel bilden. Hunderte kleiner, weißer, süß duftender Blüten, nektarreich, Mai bis Oktober. Ideal für Beeteinfassungen bei kargen, kalkhaltigen Böden und in Küstennähe. Auch wenn die wild wachsende Art mehrjährig ist, findet man im Handel Züchtungen für den Balkon mit den Eigenschaften von Einjährigen. H × B: 25 × 60 cm, W: –12 °C.

✦ *SCUTELLARIA ALPINA*: ALPEN-HELMKRAUT

EUROPÄISCHE GEBIRGSLAGEN

Kleine Staude aus der Schotterzone der Höhenlagen mit eiförmigem, gezähntem Blatt. Die Blütenstände (Juni bis August) in Ährenform aus zahlreichen violetten Blüten mit weißen Lippen sind spektakulär, weil sie zwei Drittel der Pflanzenhöhe ausmachen. Dicke, fleischige Wurzel. Substrat nicht zu flachgründig. H × B: 25 × 40 cm.

Weitere empfehlenswerte Art:
- ***S. altissima*** (Hohes Helmkraut): wesentlich höher, die Blüten zahlreich, aber etwas kleiner.

✦ *SILENE FLOS-JOVIS*: JUPITER-LICHTNELKE

EUROPÄISCHE GEBIRGSLAGEN

Verwandte der sehr verbreiteten Kronen-Lichtnelke (*Silene coronaria*), im Vergleich dazu jedoch langlebiger. Große, graue, eiförmige Blätter, weißfilzig behaart. Rosafarbene Blüten mit weißem Auge an langen, ebenfalls behaarten Stängeln, Juni bis August. H × B: 40 × 30 cm.

✦ *TEUCRIUM MONTANUM*: BERG-GAMANDER

EUROPA

Kleiner Gamander aus trockenen, kalkhaltigen Lagen, wächst als flaches Polster, Blätter dunkelgrün, dick. Von Mai bis August zahlreiche schwefelgelbe Blüten mit vorstehenden Staubgefäßen. Sät sich bei geeignetem Boden aus. H × B: 15 × 30 cm.

Weitere empfehlenswerte Arten:
- ***T. flavum***: ähnlich, aber höher (40 cm)
- ***T. aureum***: graues Laub und kleine, goldgelbe Blüten

Scutellaria altissima

Teucrium flavum

Teucrium montanum

NIEDRIG WACHSENDE STAUDEN MIT LANGER BLÜTEZEIT

Die lange Blütezeit dieser Arten wird durch das Sonnenlicht gesteuert, nur extreme Trockenheit verkürzt oder verzögert den Flor. Im ersten Jahr nach der Pflanzung sollte man regelmäßig, aber mäßig gießen. So werden die Wurzeln angeregt, in tiefere Bodenschichten zu wachsen.

✦ *CERATOSTIGMA PLUMBAGINOIDES*: KRIECHENDE HORNNARBE

CHINA

An ber Basis verholzende Staude, deren Triebe im Winter vollständig einziehen. Von August bis November große, enzianblaue Blüten. Vermehrt sich durch Ausläufer und bildet langsam eine schöne Bodenbedeckung. Flammende Herbstfärbung, während die Pflanze noch blüht. H × B: 30 × 50 cm und mehr.

✦ *NEPETA × FAASSENII*: KATZENMINZE

GARTENHYBRIDE (*N. NEPETELLA* × *N. RACEMOSA*)

Blütenreiche Züchtung, die schnell ein dichtes Büschel bildet. Dadurch als Bodendecker oder Einfassung geeignet. Von Mai bis Oktober lange Blütenstände mit blauvioletten Blüten über duftendem, graugrünem Laub. Die Sorten 'Six Hill's Giant' und 'Walker's Low' sind besonders robust.

Weitere empfehlenswerte Art:

- ***Nepeta racemosa***: grünes Laub, Wuchs gedrungener, 30 cm. 'Snowflake': weiße Blüten.

Gegenüber: *Ceratostigma plumbaginoides* (mit blauen Blüten und rötlicher Herbstfärbung) in Pflanztopf mit einer panaschierten Abelie und einer Euphorbie.

Nepeta × faassenii 'Six Hill's Giant'

Nepeta racemosa 'Snowflake'

Callirhoe involucrata

Erigeron glaucus

✦ *CALLIRHOE INVOLUCRATA*: MOHNMALVE

MEXIKO, SÜDLICHE USA

Kaum bekannte Art, von Mai bis September große pinkfarbene Blüten, innen weiß, von exotischem Aussehen. Triebe mit hellgrünen, glänzenden, geteilten Blättern. Winden sich zwischen Nachbarn hindurch, ohne zu stören. Guter Bodendecker bei trockenem, steinigem Boden. H × B: 20 × 50 cm und mehr.

✦ *ERIGERON GLAUCUS*: STRAND-BERUFKRAUT

KALIFORNIEN, OREGON

Teppichbildende Polster blaugrüner, eiförmiger Blätter. Blütenköpfe ähneln denen von Gänseblümchen, malvenfarben mit braungelbem Auge, von Mai bis Oktober, sehr zahlreich. Ausgezeichnet als Beeteinfassung. Sehr gut gischtverträglich. Blüten von 'Sea Breeze' stärker rosa, üppiger. H × B: 20 × 30 cm und mehr.

WEITERE NIEDRIG WACHSENDE STAUDEN MIT LANGER BLÜTEZEIT

✦ *CENTAUREA BELLA*: ZIERLICHE SILBER-FLOCKENBLUME

MITTELMEERANRAINER

Teppichbildende und gut bodendeckende Flockenblume mit silbergrünem, fiederteiligem Blatt, immergrün oder halbimmergrün. Von April bis Juni rosafarbene, nektarreiche Blütenköpfe, sofern es nicht zu trocken ist. H × B: 30 × 50 cm und mehr.

Weitere empfehlenswerte Arten:
- ***C. simplicaulis***: ähnlich, aber kleiner (H: 15 cm).
- ***C. pulcherrima***: aschefarben, 50 cm hoch.

✦ *ERODIUM MANESCAVII*: PYRENÄEN-REIHER-SCHNABEL

PYRENÄEN

Erodium sp. sind verwandt mit den langlebigen Storchschnabel-Arten und gut angepasst an Schotter und trockenes Gelände. Ihren Namen verdanken sie der länglichen Form ihrer Früchte. *Erodium manescavii* bildet Kissen mit langen, gefiederten oder fiederspaltigen Blättern, Blüten von Juni bis September, zahlreich, in leuchtendem Rosa. H × B: 40 × 40 cm.

Weitere empfehlenswerte Arten:
- ***E. × variabile***: kleine, gezähnte Blätter.
- ***E. chrysanthum***: schwefelgelbe Blüten, noch kleiner (H: 15 cm), für Steingärten.
- ***E. trifolium***: kräftige Polster mit zweifarbig weißpurpurnen Blüten.

✦ *EUPHORBIA MYRSINITES*: WALZEN-WOLFSMILCH

MITTELMEER

Immergrüne, niederliegende Wolfsmilch mit kriechenden Trieben, das Blatt blaugrün, schuppenförmig. Mäßiger Bodendecker, da sehr licht. Wunderbar als Unterbewuchs von Sträuchern. Von März bis Juni grellgrüne Blütenstände. Wie alle Wolfsmilchgewächse sondert die Pflanze an Bruchstellen eine klebrige Milch ab, die Hautirritationen verursacht. Mit Handschuhen arbeiten oder die Hände sehr gründlich waschen. H × B: 20 × 60 cm.

Erodium chrysanthum

Erodium trifolium

Euphorbia myrsinites

Sisyrinchium angustifolium

Weitere empfehlenswerte Arten:

– ***E. pithyusa***: eine immergrüne Wolfsmilch-Art von den Balearen. Aufrechte Büschel aus Trieben mit lanzettlichen, blaugrünen Blättern. Von Mai bis Juli grüne Blütenstände, die Organe (Cyathien) orangefarben. Sehr linear. H × B: 50 × 30 cm. W: –12 °C.
– ***E. seguieriana, E. nicaeensis***: mit ähnlichem Aussehen, das gilt auch für die Sorten *E.* 'Compton Ash' und 'Blue Haze'.

✦ *FILIPENDULA VULGARIS*: KLEINES MÄDESÜSS

EUROPA

Kleine Mädesüßart, auf trockenen Prärien beheimatet. Lange, gefiederte Blätter in einer Rosette und am Stängel. Von Mai bis Juli lichte, durchlässige Blütenstände mit zahlreichen weißen Blüten. H × B: 50 × 30 cm.

✦ *SISYRINCHIUM CALIFORNICUM*: KALIFORNISCHER GRASSCHWERTEL

NORDAMERIKA

Miniaturisierte Verwandte der Iris mit dunkelgrünem, schmal länglichem Blatt, immergrün. Von Juni bis September unablässig sternfömige, gelbe Blüten, endständig an langen Stängeln, später verbreiten sich zahlreiche schwarze Samen, jedoch nicht wuchernd. H × B: 20 × 10 cm.

Weitere empfehlenswerte Art:

– ***S. angustifolium***: ähnlich, aber blaue Blüten.

Sisyrinchium angustifolium

Filipendula vulgaris

Gegenüber: *Euphorbia* 'Compton Ash'.

DICKBLATTGEWÄCHSE

Ihre dicken („fetten") Blätter sind Wasser- und Nährstoffspeicher, um längere Phasen der Trockenheit zu überstehen. Viele Arten stammen aus subtropischen Gefilden und vertragen keinen Frost, doch manche beweisen eine erhebliche Winterhärte.

WINTERHARTE ARTEN

✦ *SEDUM*: FETTHENNE, MAUERPFEFFER

Die Gattung *Sedum* versammelt eine Vielzahl an Arten, die sich wunderbar als Trockengarteneinfassung, Steingartenpflanze oder Bodendecker eignen und im Sommer hübsch blühen. Alle haben fleischige, sukkulente Blätter und sind leicht durch Ableger zu vermehren. Manche breiten sich auch von selbst in Ritzen und dünnen Substratlagen aus. Die Teppiche vergrößern sich durch gelegentliches Anwurzeln von Trieben. Nachfolgend sehen Sie, welche der Mauerpfefferarten am besten mit der Trockenheit zurechtkommen.

- ***S. acre*** (Scharfer Mauerpfeffer): winzig, um 2 cm hoch, mit apfelgrünen Blättern, die eng zusammen stehen. Gelbe Blüten. Vermehrt sich leicht. Verträgt gelegentliches Betreten. Essbar, mit scharf pfeffrigem Aroma, daher der Name.
- ***S. album*** (Weiße Fetthenne): „zigarrenförmige", zylindrische Blätter, die je nach Bodenzusammensetzung und Lage einen hübschen rötlichen Farbton annehmen. Leicht überhängende, weiße Blütenstände. Breitet sich aus, 10–20 cm hoch.
- ***S. dasyphyllum*** (Dickblättrige Fetthenne): kleine, dicht stehende, blaugrüne Blätter, die oftmals rötlich überlaufen sind. Rosa-weiße Blütenstände. Wunderbar als Vertikalbewuchs von alten Mauern. Sät sich aus. 5 cm hoch.
- ***S. forsterianum*** (Zierliche Fetthenne): spitze, blaugrüne Blätter, kurze Stiele, gelbe Blüten. 10–15 cm hoch.

Gegenüber: *Sedum album* und *S. dasyphyllum* (intensiver rosa, im Bild unten), selbst auf einer Mauer vermehrt.

Sedum acre

Sedum album

Sedum forsterianum

Sedum kamtschaticum 'Weihenstephaner Gold'

- **S. kamtschaticum** (Kamtschatka-Fetthenne): längliche, gezähnte Blätter (ca. 3 cm lang), dunkelgrün, an langen, biegsamen, rötlichen Trieben. Zahlreiche leuchtend gelbe Blüten.
  - 'Weihenstephaner Gold' ist eine blütenreiche, sehr bunte Sorte.
  - 'Variegatum' besitzt weiß geränderte Blätter. 10–20 cm hoch.
- **S. palmeri**: große, hellgrüne Rosetten, die sich bei Frost rot färben, erinnert an eine „Dachwurz auf kurzen Stämmchen". Viele gelbe Blüten im zeitigen Frühling ab März. 15–30 cm hoch.
- **S. rupestre** (Felsen-Fetthenne): die im Handel geläufigste Sorte. Nadelförmige Blätter an biegsamen Trieben. Gelbe Blüten. Die Wildform ist graugrün, doch es gibt zahlreiche bunte Sorten ('Angelina' ist je nach Boden und Klima blassgrün-orange; 'Yellow Cushion' ist goldfarben). Verbreitet sich leicht durch Aussaat. 5–10 cm hoch.
- **S. sediforme**: eine groß wachsende Fetthenne mit eilanzettlichen, graugrünen, dicht zusammen stehenden Blättern an aufrechten Trieben. Weißlich gelbe Blütenstände. Sät sich aus. 20–30 cm hoch.

Sedum palmeri

Sedum rupestre 'Angelina'

Sedum sediforme

✦ *SEMPERVIVUM*: HAUSWURZ, DACHWURZ

EUROPA

Eine der widerstandsfähigsten Sukkulenten in Topfkultur, ursprünglich auf Matten und trockenen Böden beheimatet, in Höhenlagen. Die Pflanzen breiten sich langsam aus, indem sie seitlich zahlreiche Rosetten ausbilden. Sommerliche Blütenstände mit rosafarbenen oder gelbgrünen, sternförmigen Blüten, Juni bis August. Verblühte Rosetten sterben ab und geben Raum für seitliche Ausläufer. H × B: 10 × 20 cm und mehr.

- ***S. calcareum, S. montanum*** und ***S. tectorum***: die meisten im Handel erhältlichen Pflanzen sind Selektionen oder Hybriden dieser Arten. Glatte Blätter. Rosetten unterschiedlicher Größen von 1 cm bis 10 cm Durchmesser, bei dreieckiger Blattform, apfelgrün bis dunkelgrün, manchmal rot marmoriert. 'Gold Nugget' ist eine neue Züchtung in warmem Orangeton, vor allem im Winter.
- ***S. arachnoideum*** (Spinnweben-Hauswurz): kleine, abgeflachte Rosetten, bisweilen rötlich, von langem, seidigem Pelz überzogen, der wie ein Spinnennetz darüber liegt. Rosarote Blütenstände, die im Verhältnis zur Pflanze zu groß erscheinen.
- ***S. globiferum*** (= *Jovibarba sobolifera*): eine alpine Art mit kleinen, orangerot geränderten, leuchtend grünen Blättern, Rosetten eher kugelig. Für sauren bis neutralen Boden.

✦ *OPUNTIA HUMIFUSA* (= *O. COMPRESSA*): OPUNTIE

NORDAMERIKA

Kakteen, die einen stärkeren Frost ohne Absterben vertragen, sind selten. Diese kleine Art mit teppichbildendem Wuchs zählt dazu und sie hat zudem den Vorteil, fast keine Stacheln zu tragen. Vorsicht aber mit den winzigen Stacheln an den Knospen. Von Mai bis Juni erscheinen große, gelbe Blüten. Je nach Standort sollte man sie vor heftigem Herbst- und Winterniederschlag schützen, damit der Boden gut entwässert bleibt. Die scheibenförmigen Glieder (Kladodien) werden im Winter weich. Man sollte die Pflanze dann keinesfalls gießen, weil man Durst vermutet. H × B: 20 × 60 cm.

Weitere empfehlenswerte Art:

- ***Cylindropuntia imbricata***: mit zylindrischen Gliedern, stachelig.

Sempervivum arachnoideum

Sempervivum und Tüpfelfarn an einer Trockenmauer.

Sempervivum globiferum

Opuntia humifusa

AUSDAUERNDE ARTEN FÜR MILDES KLIMA

✦ *AGAVE AMERICANA*: HUNDERTJÄHRIGE AGAVE

MITTELAMERIKA

Aus botanischen Gärten und den Küstenregionen bekannte Pflanze, mit großen, blaugrünen, fleischigen Blattrosetten, auch panaschiert. Die Spitzen und die Blattränder tragen gewaltige Stacheln – Vorsicht mit Haustieren oder Kindern. Kann bei günstigem Klima beeindruckende Größen erreichen. Zwischen Juni und August gigantischer Blütenstängel von bis zu 8 m Länge und mehr. Agaven sind monokarp, das heißt sie blühen nur einmal in ihrem Leben und sterben danach ab. Um die Wurzel herum bilden sie jedoch Tochterpflanzen. Vertragen die Topfkultur sehr gut. H × B: 1 m und mehr (Blatt), 8 m (Blütenstängel) × 1 m. W: –8 °C.

Weitere empfehlenswerte Arten:

- ***A. montana, A. neomexicana, A. ovatifolia***: ähnlich, doch im Wuchs kompakter, bessere Winterhärte (–12 bis –15 °C).

✦ *CRASSULA SARCOCAULIS*: DICKBLATT

SÜDAFRIKA

Dieses Dickblatt bildet einen kleinen, verzweigten Busch mit dicken Trieben. Die winzigen Blättchen ähneln apfelgrünen Nadeln. Rosarötliche Blüte während des gesamten Sommers (Mai bis September), sie bildet über der Pflanze eine farbige Kuppel. Braucht kargen, gut durchlässigen, trockenen Boden (Kiesel sind optimal). Dann dehnt sich auch die Winterhärte auf tiefere Temperaturen aus. H × B: 30 × 30 cm, W: –12 °C.

✦ *PORTULACA OLERACEA*: PORTULAK

KOSMOPOLIT

Einjährige Pflanze mit langen, verzweigten, kriechenden Trieben, das Laub fleischig und glänzend, die frischen Blätter essbar. Von Mai bis September trägt die Pflanze kleine, gelbe Blüten, danach unzählige Samen, die ihren Fortbestand im Garten garantieren. Für leichten, nährstoffreichen, gut dränierten Boden. H × B: 2–5 × 40 cm. W: 0 °C.

Gegenüber: *Agave americana* bildet rasch dichte Populationen, was den zahlreichen Ausläufern zu verdanken ist.

Delosperma sp. zwischen Felsen.

✦ *DELOSPERMA COOPERI*: MITTAGSBLUME

SÜDAFRIKA

Dichter Bodendecker mit spitz zulaufenden, zylindrischen Blättern, fleischig und leuchtend grün. Von Mai bis September überzeiht sich die Matte mit magentafarbenen Blüten. Braucht einen geschützten Platz mit Wärme und guter Dränage. Es empfiehlt sich, die Pflanze nicht in der Nähe natürlicher Lebensräume zu setzen, wo sie verwildern könnte (Mittelmeer). Ausgezeichnet als Mauerbewuchs, gedeiht auch sehr gut in Kübeln.
H × B: 5 × 50 cm. W: –10 °C.

Weitere empfehlenswerte Art:

- ***D. ashtonii***: sehr ähnlich, noch bessere Winterhärte.

Aloysia citriodora

Crithmum maritimum

PFLANZEN MIT DUFTENDEM LAUB

Das Aroma von Duftpflanzen lässt sich auf die leicht flüchtigen ätherischen Öle zurückführen, die von ihren Blattdrüsen abgesondert werden. Die Duftstoffe bieten Schutz vor Fressfeinden und vor zu starker Transpiration.

✦ *SALVIA OFFICINALIS*: ECHTER SALBEI

EUROPA

Sehr aromatischer Salbei in Strauchform, seit Jahrhunderten in Küche und Medizin verwendet. Lange, immergrüne Blätter, graugrün und weißfilzig. Im Mai und Juni blaulila Blütenstände. Für einen kompakten Wuchs die Pflanze im Spätwinter schneiden. Regelmäßig den Stock verjüngen oder Ableger nehmen. H × B: 70 × 80 cm.

Empfohlene Sorten:

- 'Icterina': panaschiert, goldfarben.
- 'Purpurascens': purpurn.
- 'Rotmühle': weiß panaschiert.
- 'Tricolor': weiß und purpurn panaschiert.

✦ *ALOYSIA CITRIODORA*: ZITRONENVERBENE

SÜDAMERIKA

Strauch mit strubeligem Aussehen, die Blätter lanzettlich und tief geadert, stark duftend (Zitronell-Aroma). Unscheinbare kleine, weiße Blüten im Juni und Juli. Im Freiland nur bei sehr mildem Klima pflanzen, sonst wie eine Einjährige durch Ableger vermehren oder im Kübel überwintern. Bleibt dann kleiner. H × B: 180 × 60 cm. W: –6 °C.

✦ *CRITHMUM MARITIMUM*: MEER-FENCHEL

ATLANTIK- UND MITTELMEERKÜSTE

Pflanze von Klippen und Felsküsten, daher sehr trockenheits- und gischtverträglich, aus der Familie von Fenchel und Möhren. Wegen übermäßiger Entnahme in ihrem Habitat stark im Rückgang begriffen. Wechselständige, gefiederte Blätter, bläulich grün, halbimmergrün, sowohl roh als auch gegart zum Verzehr geeignet. Nektarreiche, gelbliche Doldenblüten von Juli bis September. H × B: 40 × 50 cm.

Gegenüber: *Salvia officinalis*

Foeniculum vulgare, frischer Blattaustrieb.

Foeniculum vulgare, in Blüte im August.

Hyssopus officinalis

Agastache 'Raspberry Summer' und im Hintergrund 'Black Adder'.

✦ *FOENICULUM VULGARE*: GARTEN-FENCHEL, WILDER FENCHEL

MITTELMEERRAUM

Als Wildform oder Zierpflanze bildet diese Pflanze keine verdickte Basis aus. Hellgrüne oder wie bei 'Purpureum' purpur-bronzefarbene, fein gefiederte, fadenförmige Blätter, essbar. Von Juni bis August gelbe, nektarreiche Doldenblüten an der Spitze langer, aufrechter Stängel, müssen nicht gestützt werden. Sät sich sehr leicht aus. H × B: 180 × 50 cm.

✦ *HYSSOPUS OFFICINALIS*: YSOP

EUROPA

Aromatischer Halbstrauch mit lanzettlichen Blättern, immergrün. Von Juli bis September zahlreiche blauviolette Blütenähren, sehr nektarreich. Es gibt eine weiße und eine rosafarbene Varietät. H × B: 60 × 40 cm.

✦ *AGASTACHE* KUDOS-HYBRIDEN: DUFTNESSEL

GARTENHYBRIDEN

Pflanzen aus der Familie der Minzen, die einen intensiv duftenden Büschel bilden. Sorten auf der Basis von 'Kudos' wachsen kompakt, sind langlebig und einfacher anzubauen als andere Sorten, benötigen gut durchlässigen, nicht zu kargen Boden. Die Gruppe dieser Hybriden zeigt viele Farbschattierungen: orangegelb ('Kudos Gold'), orange ('Kudos Mandarin'), lachsfarben ('Kudos Ambroisa'), malvenfarben ('Kudos Silver Blue'). Blüte zwischen Juni und September. H × B: 50 × 40 cm.

Weitere empfehlenswerte Sorten:

- *A.* 'Raspberry Summer', himbeerrot.
- *A.* 'Black Adder', blauviolett, schlanker und etwas höher.

✦ *LAVANDULA*: LAVENDEL

MITTELMEER

Der kleine Strauch ist das Markenzeichen von Südfrankreich, sehr stark duftend, blüten- und nektarreich, mit immergrünem Laub in silbrigem Ton. Blüte von Juni bis August, die Art *L. stoechas* schon ab Mai. H × B: 60 × 60 cm, W: –15 °C (*L. stoechas* nur bis –7 °C).

Lavandula × intermedia

Lavandula stoechas, der Schopf-Lavendel.

Empfehlenswerte Arten und Sorten:

- ***L. angustifolia,*** Echter Lavendel: schmale Blätter.
- ***L. latifolia,*** Speick-Lavendel: breite Blätter.
- ***L. × intermedia,*** Englischer Lavendel: eine Hybride aus den beiden vorgenannten Arten, er steht für das typische Bild der Provence.

  Alle drei Pflanzenarten tragen ihre duftenden, blauvioletten Blüten in Scheinähren endständig an langen Stängeln. Sie lieben kalkhaltige Böden. Es gibt kompakte Sorten (*L. angustifolia* 'Hidcote') oder weiße bzw. rosafarbene (*L. angustifolia* 'Alba', 'Rosea').
- ***L. stoechas,*** Schopf-Lavendel: mit violetten Scheinähren, die einen Schopf tragen. Anders als die Vorgenannten braucht diese Art einen eher sauren Boden. Nicht so winterhart.

Rosmarinus officinalis

Rosmarinus officinalis

Thymus vulgaris

Thymus praecox subsp. *britannicus*

✦ *ROSMARINUS OFFICINALIS*: ROSMARIN

MITTELMEER

Stark duftender Strauch, als Küchenkraut gut bekannt. Stark verzweigte Triebe mit immergrünem Laub, Blätter unterseits grau, schmal länglich, gerollt. Himmelblaue Blüten zwischen Oktober und Mai, je nach Klima. Zahlreiche Sorten von Blassrosa bis Dunkelblau. Sorten wie 'Pointe du Raz' oder 'Mozart' sind niederliegend, mit überhängenden Zweigen (20–60 cm hoch). Sonst H × B: 1 × 1 m.

✦ *RUTA GRAVEOLENS*: WEIN-RAUTE

MITTELMEER

Halbstrauch arider Standorte aus der Familie der Rutaceae. Die blaugrauen, gefiederten Blätter sondern einen üblen Geruch ab, wenn sie zerrieben werden. Große, gelbe, sternförmige Blüten von Juli bis September. Giftiger Pflanzensaft, führt bei empfindlichen Menschen zu Hautirritationen. H × B: 70 × 40 cm.

Ruta graveolens

✦ *SATUREJA MONTANA*: WINTER-BOHNENKRAUT

SÜDEUROPA

Aufrechte Büschel mit kleinen, spitzen, sehr aromatischen Blättern, immergrün. Von Juli bis September längliche Trauben weißer Blüten, endständig. Die Pflanze breitet sich selbst durch Absenker aus (Triebe bewurzeln sich bei Kontakt mit dem Boden). H × B: 20 × 40 cm.

- ***S. spicigera***: stärker kriechend.

✦ *THYMUS VULGARIS*: ECHTER THYMIAN, QUENDEL

EUROPA

Nicht wegzudenken aus trockenen Gärten und der Küche, bildet Thymian eine ausdauernde Kugel mit winzigen Blättchen, die von Mai bis Juli besonders aromatisch duften. Braucht magere, durchlässige, leicht basische Böden. H × B: 20 × 30 cm.

Weitere empfehlenswerte Arten und Sorten:
- ***T. citriodorus***: ähnlich, aber mit starkem Zitronenaroma.
- ***T. serpyllum***: Sand-Thymian, niedrig und teppichbildend, ausgeprägter Duft. H: 2–5 cm.
- ***T. praecox***: ähnlich, nicht so aromatisch.
- ***T. praecox* subsp. *britannicus***: stärker bepelzt.

Satureja spicigera

GRAU BELAUBTE STAUDEN UND STRÄUCHER

Graues oder silbriges Laub ist eine natürliche Anpassung an starke Sonneneinstrahlung und Trockenheit.

✦ *HELICHRYSUM ITALICUM*: STROHBLUME, CURRYSTRAUCH

MITTELMEER

Buschige Staude trockener und karger Kalkböden mit interessantem, weit tragendem Curry-Geruch, vor allem bei prallem Sonnenschein. Von Juni bis August zahlreiche gelbe, kleine Blütenköpfe, sie trocknen gut und ordentlich direkt an der Pflanze. Daher hat die Strohblume im Französischen ihren Trivialnamen „Unsterbliche". Gischttolerant. H × B: 50 × 50 cm.

✦ *ANAPHALIS TRIPLINERVIS* 'SOMMERSCHNEE': PERLKÖRBCHEN

HIMALAYA

Hübsche Pflanze für Einfassungen oder Steingärten mit flaumig behaartem, gräulichem Blatt. Von Juni bis September weiße, papierähnlich aussehende Blüten, die an der Pflanze vertrocknen, daher lange Zeit attraktiv. Als Schnittblume geeignet. H: 40 cm.

- ***A. margaritacea***: Großblütiges Silberkörbchen, wächst höher (60 cm), breitet sich aus.

ARTEMISIA: BEIFUSS

Graugrünes, duftendes Blatt, halbimmergrün, mehr oder minder gezähnt. Büschel gelegentlich wuchernd, guter Bodendecker. Kann im Spätwinter für kompakten Wuchs leicht geschnitten werden.

Niedrig wachsende Arten und Sorten (H: 10–50 cm):

- ***A. alba:*** feines, linealisches Blatt. 50 cm.
- ***A. armeniaca***: schrumpeliges Blatt, das an eine Flechte erinnert, färbt sich im Winter violett. 40 cm.
- ***A. schmidtiana* 'Nana'**: sehr niedrig (10 cm), **'Snow Mound'** erreicht 30 cm.
- ***A. stelleriana***: größeres, flaumiges Blatt. 40 cm.

Gegenüber: *Artemisia armeniaca*

Anaphalis triplinervis

Helichrysum italicum

Artemisia 'Powis Castle'

Artemisia dracunculus

Ballota pseudodictamnus

Hoch aufwachsende Arten und Sorten (H: 50–100 cm):

- ***A.* 'Powis Castle'**: Halbstrauch mit kugelförmigem Habitus, graues Laub. 60 cm.
- ***A. absinthium***: Echter Wermut, gelbe Blüten. 70 cm.
- ***A. dracunculus***: Estragon, unser Küchengewürz, lanzettliches, grünes Laub. 70 cm.
- ***A. ludoviciana***: sehr feines, silbriges Laub, hängend. 80 cm.
- ***A. abrotanum***: Eberraute, gelblich grünes Laub, stark eingeschnitten. 1 m.
- ***A. vulgaris***: Gewöhnlicher Beifuß, Blatt grün mit silbriger Unterseite. Stark wuchernd.

✦ *BALLOTA PSEUDODICTAMNUS*: KRETA-NESSEL

MITTELMEER

Die Kreta-Nessel liebt warme, stark besonnte Standorte. Die Triebe mit den runden, graugrünen, flaumigen Blättern bilden eine seidig wirkende Kuppelform, die oftmals breiter als hoch wächst. Man kann sie schneiden, damit sie dichter wächst. Ihre weiß-malvenfarbenen Blüten im Juli–August sind unbedeutend, aber die Brakteen in Becherform sind dekorativ. H × B: 50 × 70 cm.

✦ *DORYCNIUM HIRSUTUM* (SYN. *LOTUS HIRSUTUS*): ZOTTIGER BACKENKLEE

EUROPA

Großer, einen Busch bildender Klee mit verholztem Stock, das graugrüne Laub immergrün, kissenförmiger Wuchs. Von Mai bis Juli zahlreiche elfenbeinweiße Blüten. Sät sich aus, lebt aber oft nur wenige Jahre. H × B: 60 × 80 cm, W: –12 °C.

Artemisia absinthium mit *Reseda luteola*

Artemisia ludoviciana

Dorycnium hirsutum

Marrubium incanum

Marrubium bourgaei

Santolina chamaecyparissus

✦ *MARRUBIUM INCANUM*: WEISSFILZIGER ANDORN

SÜDEUROPA

An steinigen Standorten gedeihender, büschelförmiger Lippenblütler mit hübschem silbergrauem Laub, duftend, sommergrün. Von Juni bis August kleine, weiße, quirlig angeordnete Blüten. H × B: 50 × 50 cm.

Weitere empfehlenswerte Arten und Sorten:

- ***M. vulgare***: Gewöhnlicher Andorn, größer.
- ***M. globosum***: Libanon-Kugelandorn ist kleiner.
- ***M. bourgaei***: intensiver grünes, rundes Blatt.

✦ *SANTOLINA CHAMAECYPARISSUS*: GRAUES HEILIGENKRAUT

EUROPA, NORDAFRIKA

Immergrüne Büschel silbriger Triebe, die an eine Zypresse denken lassen (das Griechische *chamaecyparissus* bedeutet „kleine Zypresse"). Beim Zerreiben aromatisch duftend, im Juli und August zahlreiche gelbe, kugelige Korbblüten. Für karge, kalkhaltige Standorte. H × B: 40 × 60 cm.

Sideritis syriaca

✦ *SIDERITIS SYRIACA*: SYRISCHES GLIEDKRAUT

BALKAN, VORDERER ORIENT

Niedrige, büschelförmige Pflanze, deren schwefelgelbe Blüten im Mai und Juni hoch über das längliche, duftende Laub aufragen. In einigen Regionen Griechenlands als Arzneitee verwendet. H × B: 40 × 40 cm. W: –15 °C.

Stachys 'Silver Carpet'

✦ *STACHYS BYZANTINA*: WOLL-ZIEST

OSTEUROPA

Der Woll-Ziest ist ein immergrüner, teppichbildender, wüchsiger Bodendecker mit großen, seidig-wollig behaarten Blättern, die sich samtig anfühlen. Im Juni und Juli trägt er rosafarbene Blütenähren, die ebenfalls samtig sind. Welke Blätter und Blüten sollte man entfernen, weil sie nicht gut aussehen und bei feuchtem Wetter verrotten. H × B: 30 × 60 cm und mehr.

Empfehlenswerte Sorten:
- 'Big Ears': mit sehr großen, 15–20 cm langen Blättern.
- 'Primrose Heron': mit goldfarbenem Blatt.
- 'Silver Carpet': fast blütenlos, bleibt niedrig und sieht immer ordentlich aus.

✦ *SALVIA CHAMAEDRYOIDES*: GAMANDER-SALBEI

MITTELAMERIKA

Kleiner, kompakt wachsender Salbei mit duftendem, silbrigem Laub, von Mai bis Oktober intensiv blaue Blüten, die bei winterhartem Salbei selten sind. Kann für dichten Wuchs leicht geschnitten werden. Vor kaltem Wind schützen. Wuchert gelegentlich etwas. H × B: 40 × 50 cm. W: –10 °C.

Salvia chamaedryoides

EIN- UND ZWEIJÄHRIGE

Diese Arten leben eine Saison oder bleiben für zwei Jahre stehen, doch sie lassen sich leicht durch Samen kultivieren und hinterlassen zahlreiche von selbst aufgehende Pflanzen. Letztgenannte vertragen die Trockenheit besser als umgesetzte Jungpflanzen.

✦ *ANCHUSA AZUREA*: ITALIENISCHE OCHSENZUNGE

SÜDLICHES EUROPA

Lange, gerade, rötlich überlaufene Stängel, die über einer Rosette rötlicher Blätter mit beinahe stechender Behaarung aufragen. Von Mai bis August leuchtend blaue Blüten. Alle zwei Jahre teilen oder Ableger nehmen, um sie weiter zu kultivieren, noch besser aussäen lassen. 'Dropmore' ist eine kräftig wüchsige Züchtung, die über 1 m hoch wird. H × B: 80 × 60 cm. W: –10 °C.

✦ *ANETHUM GRAVEOLENS*: DILL

SÜDLICHES EUROPA

Einjähriger enger Verwandter des Fenchels, die Blätter jedoch noch feiner fadenförmig und stärker bläulich. Von Juni bis September gelbe, nektarreiche Blütendolden. Vermehrt sich durch Aussaat an geeignetem Standort. Wunderbar als Küchenkraut, insbesondere für Fisch. H × B: 100 × 30 cm.

✦ *FERULA COMMUNIS*: RIESENFENCHEL, STECKENKRAUT

MITTELMEER

Riesengroßer Doldenblütler arider Standorte mit blaugrünem, fein zerteiltem, lichtem Blatt. Von Juni bis August große, nektarreiche, gelbliche Blütendolden, die sich über die obere Hälfte der harten Stängel verteilen und normalerweise keine Stütze benötigen. Pfahlwurzler, der nicht umgepflanzt werden möchte. H × B: 250 × 50 cm.

Gegenüber: *Erigeron karvinskianus*

Anchusa azurea

Ferula communis

Echium vulgare. Im Ausschnitt eine Blüte.

Erigeron karvinskianus

✦ *ECHIUM VULGARE*: GEWÖHNLICHER NATTERNKOPF

EUROPA

Zweijährige mit borstig behaarter, leicht stechender Blattrosette, aride Standorte. Von Mai bis August eine Gruppe blauer Blüten mit roten Staubgefäßen, entlang rötlich marmorierter Stängel. Die Blüte entfaltet sich wie ein Skorpionsschwanz. Betont vertikale Linien. Bei zu nährstoffreichen Böden nicht wettbewerbsfähig. H × B: 70 × 30 cm.

✦ *ERIGERON KARVINSKIANUS*: KARWINSKIS BERUFKRAUT

MITTELAMERIKA

Breitwüchsige Büschel kleiner, graugrüner Blätter mit vielen gänseblümchenähnlichen Blütenköpfen, weiß mit rosafarbenen und rötlichen Rändern, Mai bis Oktober. Sät sich in den kleinsten Ritzen aus, wird vielerorts heimisch. Wunderbar als Steingartenrabatte. H × B: 20 × 50 cm. W: –12 °C.

✦ *ERYSIMUM CHEIRI*: GOLDLACK

EUROPA

Leicht verholzende Staude mit 2–5 Jahren Lebenserwartung. Von Mai bis Juni große Blüten mit vier Kronblättern, stark duftend und nektarreich, die Wildform ist gelborange, die Sorte 'Bowle's Mauve' ist veilchenfarben, 'Constant Cheer' blüht lachsrosa. Sät sich auch in Ritzen alter Steinmauern aus und gedeiht sogar manchmal an der Vertikalen. H × B: 60 × 50 cm.

✦ *ESCHSCHOLZIA CALIFORNICA*: KALIFORNISCHER KAPPENMOHN

KALIFORNIEN

Einjähriger Mohn mit geradezu unaussprechlichem wissenschaftlichen Namen, dafür aber auffällige, kurzlebige Blüten in leuchtendem Orange fortwährend von Mai bis September! Im Handel gibt es weitere Sorten in Gelb ('Butter Bush'), Cremeweiß ('Alba'), Rot ('Red Chief'). Das Blatt ist fiederteilig und blaugrau. Dieser Mohn liebt sandige, leichte Böden, wo er sich reichlich aussät. Gischttolerant. H × B: 40 × 20 cm, W: –10 °C.

Erysimum cheiri

Eschscholzia californica

Eschscholzia californica 'Red Chief' mit kräftigeren Blüten als die Wildform.

✦ *GLAUCIUM FLAVUM*: GELBER HORNMOHN

EUROPA

Kurzlebige Staude oder Zweijährige, typisch für Dünenflora oder Berghalden. Blaugrünes, eingeschnittenes Blatt, von Juni bis September große, gelbe Blüten. Daraus entwickelt sich eine längliche, gebogene Fruchtkapsel von 8–10 cm Länge. Liebt Hitze und leichte Böden, sät sich von selbst aus. H × B: 50 × 40 cm.

✦ *NIGELLA DAMASCENA*: JUNGFER IM GRÜNEN

SÜDEUROPA

Einjährige mit feinem, fadenförmigem Laub. Rauer, verzweigter Stängel mit mehreren großen, himmelblauen Blüten, Mai bis Juli. Danach eine hübsche kugelige Fruchtkapsel. Als Schnittblume geeignet. Für warme und steinige Böden. H × B: 50 × 20 cm.

Glaucium flavum

Nigella damascena und Allium moly

Orlaya grandiflora

Salvia sclarea

Verbascum nigrum

✦ *ORLAYA GRANDIFLORA*: STRAHLEN-BREITSAME

SÜDEUROPA

Einjährige aus der Familie der Möhren, blüht von Juni bis September in Dolden mit größeren, schneeweißen Blüten. Perfekt für trockene Kalkböden und Steingründe. Verleiht Beeten einen Hauch von Wildnis und Luftigkeit. H × B: 50 × 30 cm.

✦ *RATIBIDA COLUMNIFERA*: LÄNGLICHER PRÄRIE-SONNENHUT

SÜDEUROPA

Der Trivialname dieser einjährigen oder kurzlebigen Staude fasst ihr Aussehen trefflich zusammen. Von Juni bis September bildet ein brauner Kegel in der Mitte den Kontrast zu den roten und gelben Zungenblüten. Die Korbblüten sitzen endständig an einem biegsamen und luftigen, langen, kaum verzweigten Stängel. H × B: 60 × 30 cm.

✦ *SALVIA SCLAREA*: MUSKATELLER-SALBEI

SÜDEUROPA

Oft zweijährig gedeihender, duftender Salbei mit großen Rosetten derber, am Boden liegender Blätter. Von Juni bis September große, verzweigte Blütenstände mit rosafarbenen, manchmal blassblauen oder weißen Blüten. Liebt steinige, trockene Gründe, sät sich dort aus. Bei ausreichender Dränage etabliert er sich gut. H × B: 70 × 60 cm.

– ***S. argentea***: ähnlich, das Laub pelziger, silbrig, die Blüten weiß.

✦ *VERBASCUM*: KÖNIGSKERZEN

EUROPA

Eine Gattung mit zahlreichen Arten, die zweijährig oder als kurzlebige Stauden gedeihen. Eine Rosette großer, mehr oder weniger stark bepelzter Blätter, silbrig mit einem sehr langen, gelegentlich auch verzweigten Stängel, an dem von Mai bis September zahlreiche Blüten nacheinander erblühen. Trägt zum vertikalen Aspekt im Beet bei. Die großwüchsigen Arten sehen spektakulär aus. H × B: 120 × 60 cm.

Verbascum phoeniceum 'Violett Hill'

Arten und Sorten:

- Silbriges Blatt und gelbe Blüten: *V. bombyciferum, V. olympicum, V. thapsus* (alle höher als 1,5 m).
- Grünes Blatt und gelbe Blüten: *V. blattaria, V. chaixii, V. nigrum* (80–150 cm).
- Dunkelgrünes Blatt und violette Blüten: *V. phoeniceum* und deren Hybriden (80–120 cm).

Von den meisten Arten gibt es weiße Varietäten sowie zahlreiche Hybriden in großem Farbspektrum: pfirsichfarben ('Helen Johnson'), rosa ('Rosie'), lachsfarben ('Southern Charm'), orange ('Clementine') und sogar lila ('Pink Domino').

✦ *VERBENA BONARIENSIS*: VERBENE

SÜDAMERIKA

Sehr lineare, architektonische Staude mit langen, rauen, verzweigten, rötlichen Trieben. Von Mai bis Oktober rosaviolette Blüten in doldenartigen Ständen, sehr klein aber zahlreich. Kleine dunkelgrüne, derbe Blätter, bei mildem Klima immergrün. Lebt meist nicht lange, sät sich aber hier und dort aus. Welke Blüten abschneiden, damit die weitere Blüte angeregt wird. H × B: 150 × 50 cm. W: –12 °C.

Weitere empfehlenswerte Art:

- ***Verbena hastata***: ähnlich aber etwas gedrungener (1,2 m), srärker verzweigt und die Blütenstände länger.

Verbena bonariensis

Verbena hastata

KURZLEBIGE STAUDEN

Sie sehen im zweiten und dritten Vegetationsjahr am schönsten aus, dann werden sie schwächer und verschwinden schließlich ganz, nachdem sie ihre Nachkommenschaft durch Aussäen gesichert haben. Bei einigen ist es nötig, Ableger zu ziehen, sie umzupflanzen oder zu teilen, um sie am Leben zu halten.

✦ *ANTHEMIS*-HYBRIDEN: FÄRBERKAMILLE

ZÜCHTUNG

Rundliche Büschel gräulich grüner Blätter, fiederschnittig, sommergrün. Üppige Blüten in Margeritenform, erst cremegelb, später elfenbeinweiß, in der Mitte goldfarbene Röhrenblüten, Mai bis September. Für eher kargen, steinigen Boden. H × B: 60 × 60 cm.

✦ *ACHILLEA MILLEFOLIUM*: WIESEN-SCHAFGARBE

EUROPA

Ein Teppich flacher, tief eingeschnittener Blätter, über die Stängel mit flachen Trugdolden herausragen. Die Blüten der Wildform sind weiß, seltener rosa und bei den Zierpflanzensorten sind sie rot, orange, gelb oder korallenrot. Blüte von Juni bis September. Die zahlreichen farbigen Sorten sind eher kurzlebig und müssen alle 1–2 Jahre geteilt werden, um sie zu erhalten. Die Wildform ist ausdauernder und kann bei trockenem Boden durch ihre Rhizome und Aussaat gut als Bodendecker gedeihen. Auch für Trockenrasen und zwischen Gräsern geeignet. H × B: 40 × 50 cm und mehr.

✦ *CENTRANTHUS RUBER*: ROTE SPORNBLUME

SÜDEUROPA

Eine eher kurzlebige Staude aus dem südlichen Frankreich, als Zierpflanze weit verbreitet. Fleischige, blaugrüne Blätter, Blütenstände mit zahlreichen roten, rosafarbenen oder weißen Blüten, Mai bis September. Ideal für steiniges Terrain und ebenso für Ritzen alter Steinmauern, wo die Pflanze auch vertikal gedeiht. H × B: 70 × 50 cm. W: –12 °C.

Gegenüber: *Centranthus ruber*, von selbst zwischen alten Mauersteinen aufgegangen.

Anthemis-Hybride

Achillea millefolium in der Wildform

Gaura lindheimeri

Prachtkerze mit rosafarbenen Blüten: 'Siskyou Pink'.

✦ *GAURA LINDHEIMERI*: PRACHTKERZE

USA

Von Juni bis Oktober lange, zarte Stängel mit Blüten, die wie Schmetterlinge im Wind flattern. Übersteht den Winter kaum, wenn es zu feucht ist, sät sich aber auf leichtem Boden aus. Die Wildform ist weiß, rosa überlaufen, doch es gibt auch rosafarbene Züchtungen mit purpurn getöntem Blatt ('Siskiyou Pink', 'Crimson Butterflies'), weiß mit rosafarbenem Rand ('Freefolk Rosy', auch mit panaschiertem Laub) und kompakt wüchsige Sorten ('Cherry Brandy', 'Tutti Frutti'). H × B: 1 × 1 m. W: –12 °C.

WEITERE KURZLEBIGE STAUDEN

✦ *CATANANCHE CAERULEA*: AMORPFEIL

SÜDEUROPA

Kurzlebige Staude mit rauer Blattrosette. Linealische Blätter, blauviolette Blüten von April bis Juli. Erinnert an die wilde Zichorie. Sät sich aus. 'Alba' besitzt weiße Blüten. Für karge, leichte Böden. H × B: 60 × 20 cm.

✦ *ECHINACEA TENNESSEENSIS*: TENNESSEE-SCHEINSONNENHUT

NORDAMERIKA

Großer Korbblütler der nordamerikanischen Prärien, von Juni bis August große Korbblüten in Rosa und Braun. Längliches, behaartes Blatt. Ähnelt den klassischen Hybridformen von *E. purpurea*, verträgt aber die Trockenheit besser und ist ausdauernder. Gedeiht auch gut in Wiesenflächen. H × B: 70 × 30 cm.

Weitere empfehlenswerte Arten:

- ***E. pallida***: ähnlich, die Petalen nach unten gebogen.
- ***E. paradoxa***: ähnlich, jedoch gelbe Blüten.

✦ *KNAUTIA MACEDONICA*: WITWENBLUME

BALKAN

Hübsche Staude aus dem östlichen Europa, weinrote Blütenköpfe von Mai bis September. Besonders kleidsam für Feldblumen-Beete, selbst noch nach der Saison aufgrund der getrockneten Blütenstände. Nicht langlebig, sät sich aber aus. H × B: 80 × 50 cm.

Catananche caerulea

Echinacea tennesseensis

Knautia macedonica

Linum perenne

✦ *LINUM PERENNE*: AUSDAUERNDER LEIN

EUROPA

Halbimmergrüne, kurzlebige Staude, mit biegsamen Stängeln, die ein lockeres Büschel bilden, das Laub ist blaugrün gefärbt. Von Mai bis September fortwährend endständige himmelblaue Blüten, die nur einen Tag halten. Liebt steinige, leichte Böden. Teilung der Stöcke ist möglich, aber ohne die Mutterpflanze zu ruinieren eher kompliziert. Aussaat ist vorzuziehen. H × B: 40 × 50 cm.

✦ *LUPINUS × RUSSELLII*: RUSSELLS LUPINE

ZÜCHTUNG

Gruppe relativ kurzlebiger Hybriden (2–4 Jahre) in unzähligen Farbnuancen, teils zweifarbig. Gefingertes Blatt in leuchtendem Grün. Von Mai bis Juli große aufrechte Trauben, zylindrisch, voller Blüten und sehr nektarreich. Nach der Blüte werden sie leider unattraktiv. Wie viele Schmetterlingsblütler hat die Pflanze eine dicke Pfahlwurzel und scheut das Umpflanzen. Sät sich je nach Sorten mehr oder weniger stark aus, dadurch entstehen manchmal interessante neue Farben. Liebt leicht kalkhaltige Böden. H × B: 100 × 60 cm.

Lupinus × russellii

ZEITWEISE TROCKENHEITS-VERTRÄGLICH

- *Alcea rosea*: Gewöhnliche Stockrose
- *Coreopsis lanceolata*: Lanzettblättriges Mädchenauge
- *Leucanthemum vulgare*: Magerwiesen-Margerite
- *Linaria purpurea*: Purpur-Leinkraut
- *Linaria vulgaris*: Gewöhnliches Leinkraut
- *Malva moschata*: Moschus-Malve
- *Monarda fistulosa*: Indianernessel
- *Nepeta grandiflora*: Großblütige Katzenminze
- *Scabiosa caucasica*: Große Skabiose
- *Scabiosa columbaria*: Tauben-Skabiose

Salvia pratensis

Sisyrinchium striatum

✦ *SALVIA PRATENSIS*: WIESEN-SALBEI

EUROPA

Heimische Staude aus typischem Wiesenbestand eher trockener, kalkhaltiger Böden. Von Mai bis August große Lippenblüten, blauviolett oder rosa, nektarreich, angeordnet zu länglichen, kaum verzweigten Blütenständen, leicht flaumig behaart. Rosetten von runzeligen, dreieckigen Blättern. Bei geeignetem Boden sät sich die Pflanze aus. Wunderbar für Staudenwiesen geeignet. H × B: 50–80 × 30 cm, W: –15 °C und niedriger.

✦ *SISYRINCHIUM STRIATUM*: GESTREIFTER GRASSCHWERTEL

ARGENTINIEN, CHILE

Aufrecht wachsende Staude mit blaugrünem, irisähnlichem Blatt, sich vergrößernde Büschel. Von Mai bis Juli Stängel mit schwefelgelben Kreuzblüten. Sät sich aus, wenn der Standort passt. H × B: 70 × 30 cm.

AUSDAUERNDE STAUDEN

Die meisten langlebigen Stauden besitzen eine tief reichende, pfahlförmige Wurzel, ähnlich einer Möhre, was ihnen erlaubt, Wasser aus größeren Tiefen zu ziehen. Manche sind so ausdauernd wie Sträucher.

✦ *BAPTISIA AUSTRALIS*: INDIGOLUPINE

NORDAMERIKA

Diese Leguminose ähnelt einer Lupine, ist aber ausdauernder und auch nach der Blüte hübscher. Laub dreizählig geteilt, bläulich grün. Bildet eine Pfahlwurzel und einen fleischigen, bei Nagern beliebten Wurzelstock, scheut das Umpflanzen. Von Juni bis August Dutzende Blüten an aufrechten Stängel. Die Wildform ist veilchenblau, doch es gibt zahlreiche Farbschattierungen: 'Solar Flare' ist kanariengelb, 'Cherries Jubilee' rötlich gelb, 'Grape Tiffany' bordeaux, 'Purple Smoke' hellblau. H × B: 1 × 1 m.

✦ *CRAMBE MARITIMA*: STRANDKOHL

EUROPA

Wilder Kohl mit blaugrünem, gewelltem Blatt, die frischen Triebe sind essbar. Wächst an den europäischen Küsten. Im Spätfrühling und Frühsommer (Mai bis Juli) ragen Wolken luftiger weißer Blüten über das Laub heraus, sie duften süßlich und sind nektarreich. Durch ihren ursprünglichen Lebensraum bedingt ist die Pflanze sehr gischttolerant und sie liebt karge Böden. H × B: 70 × 60 cm.

Weitere empfehlenswerte Art:

- ***C. cordifolia***: vergleichbar, aber wesentlich höher, die Blütenstängel bis 180 cm.

✦ *DICTAMNUS ALBUS*: DIPTAM

EUROPA

Staude mit strauchähnlichem Wuchs, die sommergrünen Blätter gefiedert, beim Zerreiben geben sie einen Zitrusduft ab. Stängel mit großen, hell- oder dunkelrosafarbenen Blüten (*D. albus* var. *purpureus*), Mai bis Juni. Wächst nur langsam an, bei trockenem, kargem Boden aber sehr ausdauernd. Bildet eine tief reichende Pfahlwurzel und ist schlecht umzusetzen. H × B: 80 × 50 cm.

Crambe maritima

Crambe cordifolia

Dictamnus albus

Gegenüber: *Baptisia* 'Cherries Jubilee'

Echinops ritro

Echinops sphaerocephalon

✦ *ECHINOPS RITRO*: KUGELDISTEL

SÜDEUROPA

Pflanze der ariden Standorte mit kurzer Lebensspanne. Blätter stachelig und graugrün, Blütenstände kugelrund, stahlblau, von Mai bis September. Blütenkugeln elegant endständig an festen Stängeln. Sät sich bei günstigem Boden aus. Sehr nektarreich und stark von Bienen und Hummeln frequentiert. H × B: 60 × 30 cm.

Weitere empfehlenswerte Art:

- ***E. sphaerocephalon***: mit weißen Blütenkugeln und noch kräftigerem Wuchs (120 × 60 cm). 'Arctic Glow' ist eine Sorte mit roten Stängeln im Kontrast zu grauem Blattwerk.

✦ *ERYNGIUM*: EDELDISTEL

Stauden aus der Familie der Möhren und Fenchel, jedoch mit aufrechten, aus einer Blattrosette aufwachsenden Trieben, von Juni bis September stachelige Blütenstände, die an Karden erinnern. Gewöhnlich mit kurzer Lebensspanne, bei günstigem Boden sät sich die Pflanze aber gut aus. Fleischige Pfahlwurzel, die das Umsetzen selten verträgt. Manche Arten umfassen auch Zwergformen und panaschierte Sorten. H × B: 30–150 × 30 cm.

Graue Edeldisteln: silbriges oder blaugrünes Blatt und Blütenstände

- ***E. campestre***: kleine Pflanze, Trockenrasen und aride Standorte. 50 cm hoch.
- ***E. giganteum***: architektonische Wirkung mit großen, grauen Blütenständen. 80 cm hoch.
- ***E. maritimum***: gedrungene Küstenpflanze, kissenförmig. 30 cm hoch.

Blaue Edeldisteln: metallisch blaue Blütenstände

- ***E. alpinum***: Basis der Blütenstände fein gefiedert, fast daunenartig. 70 cm hoch.
- ***E. amethystinum***: Stängel und Blütenstände blaugrau. 70 cm hoch.
- ***E. planum***: kleine Blütenstände, sehr verzweigt und zahlreich. 70 cm hoch.
- ***E. × zabelii***: Hybride mit blauvioletten Blütenständen. 70 cm hoch.

Eryngium campestre

Eryngium giganteum

Eryngium maritimum

Eryngium alpinum

Eryngium × zabelii 'Jos Eyjking'

Gypsophila paniculata

ZEITWEISE TROCKENHEITSVERTRÄGLICH

- *Althaea officinalis*: Echter Eibisch
- *Amsonia tabernaemontana*: Texas-Amsonie (Herbst)
- × *Alcalthaea suffrutescens*: Halbstrauchige Stockrose
- *Cephalaria gigantea*: Großer Schuppenkopf
- *Coronilla varia*: Kronwicke
- *Limonium latifolium*: Breitblättriger Steppenschleier
- *Rudbeckia maxima*: Riesen-Sonnenhut
- *Rudbeckia subtomentosa*: Schwachfilziger Sonnenhut
- *Salvia nemorosa*: Steppen-Salbei
- *Teucrium hircanicum*: Kaukasus-Gamander
- *Thalictrum flavum* subsp. *glaucum*: Gelbe Wiesenraute
- *Veronica longifolia*: Langblättriger Blauweiderich

Amerikanische Edeldisteln: großwüchsige Pflanzen mit exotischem Habitus

- ***E. agavifolium***: sehr hoher Blütenstängel, kaum verzweigt, mit kleinen, weißlich grünen, zylindrischen „Köpfen“, Blätter hellgrün, länglich und die Ränder rundum stachelig (H × B: 150 × 60 cm).
- ***E. yuccifolium***: ähnlich, die Blätter aber nicht stachelig und die kugeligen Blütenstände sehr weiß (H: 120 cm).

✦ *GYPSOPHILA PANICULATA*: SCHLEIERKRAUT

EUROPA

Große, sehr luftige Staude mit Tausenden winziger, weißer Blüten, die an den Spitzen sehr feiner, verzweigter Stängel in der Luft zu hängen scheinen, Juli bis September. Fadenförmiges, dunkelgrünes Blatt, halbimmergrün. H × B: 120 × 50 cm.

✦ *KNIPHOFIA*: FACKELLILIE

AFRIKA

Große, halbimmergrüne Stauden mit schmal-linealischen Blättern, die Blütenstände zwischen Mai und September in „Szepterform“. Die bekannteste Art der Gattung ist *K. uvaria*, die Schopf-Fackellilie, zweifarbig von Gelb in Rot überlaufend und nicht leicht harmonisch einzufügen (H: 1 m). Seit einigen Jahren gibt es verschiedene kompaktere Sorten (H: 60–80 cm), einige mehrfach blühend, dazu gehört die Popsicle-Gruppe mit leuchtenden, homogenen Farben von Weiß-Grün (‘Ice Queen’) über sanftes Orange (‘Mango Popsicle’), Gelb (‘Lemon Popsicle’) zu Rot (‘Nancy’s Red’). Nicht zu nährstoffarme Böden. H × B: 80 × 30 cm.

✦ *EUPHORBIA GRIFFITHII*: GRIFFITHS WOLFSMILCH

OSTASIEN

Große, wunderbare Staude mit dunkelgrünen Trieben, am Ende kupferrot. Die Blütenstände kupferorange, Juni und Juli. Vermehrt sich durch Rhizome, je nach Bodentyp mehr oder weniger schnell und dicht. Viele sehr ähnliche Sorten: ‘Fireglow’, ‘Dixter’, ‘Beauty Orange’. Schöne Herbstfärbung von Gelb bis Rot. H × B: 100 × 60 cm und mehr.

Kniphofia 'Mango Popsicle'

Romneya coulteri

✦ *ROMNEYA COULTERI*: KALIFORNISCHER STRAUCHMOHN

NEU-MEXIKO

Dieser riesige Verwandte des Klatschmohns ist eine sehr robuste Staude mit großen, weißen Blüten und goldfarbenen Staubgefäßen von Juni bis September. Große, geteilte Blätter, bläulich. Braucht unbedingt sandigen, warmen, trockenen Boden, die Anpflanzung ist manchmal kritisch. Sobald die Pflanze verwurzelt ist, sorgen die Rhizome für kräftigen Wuchs und man sollte ihr eine schöne Stelle geben! H × B: 2 × 3 m. W: –10 °C.

Euphorbia griffithii

GRÄSER

Alle hier angeführten Gräser wachsen in Horsten, das heißt sie breiten sich nicht wuchernd durch Ausläufer aus, sondern bilden sich langsam vergrößernde Büschel.

✦ *FESTUCA GLAUCA*: BLAU-SCHWINGEL

EUROPA

Immergrüner Horst in metallischem Blau, die Blätter rau. Zwischen Juni und August Blütenstände, die über die Blätter aufragen. Hübscher herbstlicher Anblick. Im Spätwinter zurückschneiden, um den Wuchs dicht zu erhalten. Wird bei zu schwerem und nährstoffreichem Boden nicht alt. H × B: 30 × 30 cm.

- *F. amethystina*: etwas größer (40 cm in Blüte), die Blütenstände braunviolett.

✦ *STIPA TENUIFOLIA* (= *NASSELLA TENUISSIMA*): MEXIKANISCHES FEDERGRAS

MITTELAMERIKA

Gras mit biegsamem, elegantem Habitus, das von Juni bis August feine, seidige Ähren trägt, die im Wind schaukeln, daher der Name Fiedergras. Sät sich an geeigneten Standorten aus. Wer in der Nähe von empfindlichen Biotopen wie Steppenrasen wohnt, sollte diese Pflanze meiden, weil sie außerhalb des Gartens verwildern könnte. H × B: 50 × 40 cm.

Weitere empfehlenswerte Arten:

- ***S. pennata***: Echtes Federgras, in Europa heimisch.
- ***S. barbata***: Reiher-Federgras, ähnlich, sieht aber zerzauster aus.

✦ *STIPA GIGANTEA*: RIESEN-FEDERGRAS

IBERISCHE HALBINSEL, MAROKKO

Immens hohes Gras mit großen, leichten, im Wind schaukelnden Ähren, Juni bis Oktober. Die Ähren färben sich ab dem Sommer wunderschön goldbraun und der Anblick erhält sich bis in den Herbst. Wächst langsam in die Breite und bildet schließlich einen beeindruckenden Horst. H × B: 2 × 1 m und mehr.

Gegenüber: *Festuca glauca*

Stipa tenuifolia

Stipa gigantea

Stipa tenuifolia mit der Zypressen-Wolfsmilch *Euphorbia cyparissias*, in Chaumont-sur-Loire (Frankreich).

Bouteloua gracilis

Briza maxima

WEITERE GRÄSER FÜR VOLLE SONNE

✦ *BOUTELOUA GRACILIS*: HAARSCHOTENGRAS

NORDAMERIKA

Kleines, in lockeren Horsten wachsendes Gras, immergrün, von Juni bis August interessante, waagerecht stehende Ähren, die wie Kämme aussehen. Perfekt als Beeteinfassung, aber auch in Steingärten, sofern umstehende Arten nicht stark konkurrieren. H × B: 30 × 30 cm.

✦ *BRIZA MAXIMA*: GRÖSSTES ZITTERGRAS

SÜDEUROPA

Einjähriges Gras arider Standorte, von April bis Juli mit dicken Ähren, erst silbrig grün, bei Reife kupferfarben. Sehr malerisch, wenn der Wind durch die langen, bogenförmig überhängenden Halme streicht. Ideal für heiße Steingärten und an steinigen Orten. Sät sich aus. Die Verwandte *B. media* mit kleineren Ähren ist eine ausdauernde Staude, jedoch besser angepasst an Böden, die nicht zu stark austrocknen. H × B: 40 × 20 cm.

✦ *HELICTOTRICHON SEMPERVIRENS*: BLAUSTRAHL-WIESENHAFER

FRANKREICH, ITALIEN

Bildet dicke, blaue Horste abstehender Halme, immergrün. Beigefarbene, luftige und leichte Rispen von Juni bis August. Liebt karge Kiesböden. H × B: 50 × 40 cm.

✦ *ANDROPOGON GERARDII*: GAMBAGRAS

NORDAMERIKA

Das Gambagras ist eine elegante, großwüchsige Präerieart, die ihre Ähren von August bis Oktober bildet. Sie überragen das biegsame Blatt. Im Herbst scharlachrot. Ein nicht wuchernder Horst. Das Laub von 'Blackhawk' ist purpurn. Rückschnitt nach dem Winter. H × B: 150 × 50 cm.

✦ *ANEMANTHELE LESSONIANA* (= *STIPA ARUNDINACEA*): FASANENSCHWANZGRAS

NEUSEELAND

Gras mit struppig-hängendem Wuchs, das Blatt dunkelgrün mit Kupferschimmer, Blüte von August bis

Helictotrichon sempervirens

Anemanthele lessoniana

Oktober. Bei mildem Klima immergrün, vor Frost und eisigem Wind mit Abdeckung schützen. Sät sich auf günstigen Böden aus, bevorzugt karge Böden. Oft sieht man die farbenfrohere Sorte ‘Scirocco’. H × B: 80 × 40 cm, W: –10 °C.

✦ *ERAGROSTIS CURVULA*: SCHWACHGEKRÜMMTES LIEBESGRAS

AFRIKA

Ein Horst langer, feiner, bogenförmig überhängender Blätter, darüber ragen von Juni bis September biegsame Blütenrispen auf. Goldfarbene Herbstfärbung. ‘Totnes Burgundy’ färbt sich im Herbst stärker rot. Rückschnitt nach dem Winter. H × B: 120 × 80 cm. W: –12 °C.

Eragrostis curvula

Panicum 'Dallas Blues' zusammen mit Rudbeckien.

Panicum 'Shenandoah'

✦ *PANICUM VIRGATUM*: RUTEN-HIRSE

NORDAMERIKA

Aufrechte Horste, die Rispen steif, aufrecht, aber licht, Juli bis Oktober. Günstig, um den Beeten einen vertikalen Effekt zu verleihen. Blaugrünes Blatt mit metallischem Glanz, im Herbst bronzefarben. Rückschnitt nach dem Winter. H × B: 150 × 60 cm.

Empfehlenswerte Sorten:

- 'Heavy Metal', 'Dallas Blues': blaues Laub.
- 'Heiliger Hain', 'Warrior': leuchtende Herbstfarben.
- 'Shenandoah', 'Rotstrahlbusch': kompakter Wuchs (1 m) und schöne Herbstfärbung.

✦ *PENNISETUM ALOPECUROIDES*: JAPANISCHES FEDERBORSTENGRAS

OSTASIEN

Ein Klassiker der Gräsergärten, von Juni bis Oktober mit großen, deutlich hervorstehenden, dekorativen Ähren, diese leicht überhängend und buschig, braunrosa. Rückschnitt nach dem Winter. H × B: 100 × 50 cm.

Sorten und weitere empfehlenswerte Arten:

- 'Hameln': kompakter, 60 cm hoch.
- 'Little Bunny': Zwergform, hübsche goldfarbene Herbstfärbung, 30 cm hoch.
- ***P. macrourum***: wesentlich höher (150 cm) und luftiger, die Ähren feiner.

✦ *SPOROBOLUS HETEROLEPIS*: FALLSAMENGRAS

NORDAMERIKA

Sehr feines Blatt, über dem von Juni bis Oktober an gebogenen Stängeln ganze Wolken kleiner Rispen stehen, die bei Hitze interessant nach Koriander duften. Licht und elegant, verfärbt sich im Herbst bronzefarben. Rückschnitt nach dem Winter. H × B: 70 × 50 cm.

Pennisetum alopecuroides

Pennisetum macrourum

Sporobolus heterolepis

NIEDRIGE STRÄUCHER UND HALBSTRÄUCHER

Niedrig und gedrungen wachsen diese Arten fast alle von Natur aus kugelig oder haben einen dichten Wuchs, sind niederliegend und kompakt, so dass sie Wind, Austrocknung und Sonne widerstehen können.

✦ *CARYOPTERIS × CLANDONENSIS*: CLANDON-BARTBLUME

ZÜCHTUNG

Kleiner Halbstrauch mit aromatisch duftendem, gezähntem Blatt, silbrig-grün. Von August bis Oktober malvenblaue Blüten. Gewinnt durch alljährlichen kräftigen Rückschnitt an kompaktem Wuchs. Sehr gesunder Halbstrauch, bleibt von Schädlingen verschont. H × B: 80 × 60 cm.

Empfehlenswerte Sorten:
- 'Worchester Gold': goldfarbenes Laub.
- 'Sterling Silver': silbriges Laub.
- 'Grand Bleu': dunkelblaue Blüten.

✦ *PEROVSKIA ATRIPLICIFOLIA*: SILBER-PEROWSKIE

AFGHANISTAN

Große Duftstaude mit verholztem Stock, feines, gezähntes, graugrünes Laub. Hoch aufragende Blütenstängel mit himmelblauen Blüten, Juli bis September. Die kompakten Sorten wie 'Little Spire' (50 cm) werden heute bevorzugt, weil sie bei Unwetter nicht so zusammenfallen wie die Wildform. Man kann sie auch zwischen andere höhere Pflanzen setzen, damit sie nicht abknicken. Zum Winterende hin kräftig zurückschneiden. Karge Böden. H × B: 120 × 80 cm.

✦ *SALVIA MICROPHYLLA*: KLEINBLÄTTRIGER SALBEI

MITTELAMERIKA

Strauchartiger Salbei mit kleinen, duftenden Blättern, halbimmergrün. Blüte von Mai bis Juli, nochmals im September. Für dichten Wuchs nach der Blüte zurückschneiden. Zahlreiche Sorten und Hybriden in unterschiedlichsten Farben: Rot, Rosa, Blau, Violett. Den Wurzelstock im Winter vor Nässe schützen. H × B: 80 × 80 cm. W: –12 °C.

Gegenüber: *Salvia microphylla*

Caryopteris 'Sterling Silver'

Caryopteris 'Grand Bleu'

Perovskia atriplicifolia, aus einem Samen in einer Schiefermauer aufgegangen.

Phlomis lycia

✦ *PHLOMIS FRUTICOSA*: STRAUCHIGES BRAND-KRAUT

MITTELMEER

Halbstrauch, der einen großen, rundlichen Busch bildet, das Blatt ist dreieckig und filzig behaart. Goldgelbe Blütenquirle an aufeinander folgenden Knoten. Karge Böden. H × B: 1,5 × 1,5 m. W: –12 °C.

Weitere empfehlenswerte Arten:
- ***P. leucophracta***: die Blattunterseiten weiß, flaumig, die Blüten rostrot.
- ***P. lycia***: insbesondere im Sommer grüngoldfarbenes Blatt, gelbe Blüten.

✦ *TEUCRIUM FRUTICANS*: BAUM-GAMANDER

MITTELMEER

Dieser Gamander in Strauchform zählt zu den größten Vertretern der Gattung. Von Februar bis Juni stahlblaue Blüten über graugrünem Laub. Bildet eine buschige, verzweigte Pflanze, sehr gut schnittverträglich. Kälteschutz nötig in kälteren Regionen. H × B: 1,3 × 1 m. W: –10 °C.

Teucrium fruticans

Teucrium fruticans

Gegenüber: *Phlomis fruticosa*

Bupleureum fruticosum

Rosafarbene und weiße Zistrosen an einem trockenen Hang, zusammen mit Roten Spornblumen (*Centranthus ruber*).

WEITERE NIEDRIGE STRÄUCHER UND HALBSTRÄUCHER FÜR VOLLE SONNE

✦ *BUPLEUREUM FRUTICOSUM*: STRAUCHIGES HASENOHR

SÜDEUROPA

Die in unserem Klima gedeihenden Doldenblütler in Strauchform sind selten. Dieses Hasenohr bildet einen rundlichen, verzweigten Busch, ist immergrün, hat grünblaues Laub und von Juni bis August reichlich gelbe Blütendolden. Beliebt bei Insekten. Verträgt Trockenheit und Gischt. Kann neben Bäumen, sogar Koniferen gedeihen. H × B: 1,5 × 1 m.

Weitere empfehlenswerte Art:

- ***B. gibraltaricum***: vergleichbar, aber etwas gedrungener (120 cm).

✦ *CISTUS LAURIFOLIUS*: LORBEERBLÄTTRIGE ZISTROSE

EUROPA

Heimischer Strauch mit kurzlebigen, weißen Blüten, leicht zerknittert und anmutig; Mai bis Juni. Junge Triebe klebrig wie bei den meisten Zistrosen-Arten, die Blütenknospen sehr hübsch rot. Immergrünes Laub, grüngrau, aromatisch duftend, vor allem bei Wärme. Die Zistrose mit der besten Winterhärte. H × B: 1,3 × 1,2 m.

Empfehlenswerte Arten:

- ***C. albidus***: 100 cm hoch, Laub silbrig, Blüten rosa, –10 °C. Liebt Kalkböden.
- ***C. × purpureus***: 130 cm hoch, Laub dunkelgrün, Blüten rosa mit purpurnem Auge, –12 °C.
- ***C. obtusifolius***: 60 cm hoch, Laub dunkelgrün und rau, Blüten weiß, –10 °C.
- ***C. populifolius***: 150 cm hoch, Laub dunkelgrün, Blüten weiß, –10 °C. Für leicht saure Böden.

✦ *POLYGALA MYRTIFOLIA*: KREUZBLÜMCHEN

SÜDAFRIKA

Buschiger Strauch mit kleinen, lanzettlichen Blättern, immergrün, von Mai bis Oktober große violette Blüten. Nur bei mildem Klima pflanzen, Topfkultur aber möglich. H × B: 1,5 × 1,5 m, W: –7 °C.

Cistus obtusifolius

Polygala myrtifolia

Cistus albidus

✦ *RHAPHIOLEPIS × DELACOURII*: TRAUBENAPFEL

ZÜCHTUNG

Dichter, immergrüner Strauch, die jungen Blätter rötlich, dann dunkelgrün, hart. Von April bis August zahlreiche hellrosafarbene Blüten. Für mildes Klima oder sehr geschützte Standorte. Anfällig für Pilzbefall bei übermäßiger Feuchtigkeit und dichter Pflanzung. H × B: 1,2 × 1 m. W: –10 °C.

Rhaphiolepis × delacourii

Genista lydia

Genista sagittalis

✦ *GENISTA LYDIA*: LYDISCHER GINSTER

SÜDEUROPA, KLEINASIEN

Teppichbildender Strauch, immergrün, die Triebe und Blätter hellgrün. Von Mai bis Juni üppige Mengen leuchtend gelber Schmetterlingsblüten, nektarreich, sie überziehen die gesamte Pflanze. Die Triebe wachsen horizontal in die Länge, wodurch dieser Ginster im Laufe der Jahre den Boden gut bedeckt. Man kann ihn leicht schneiden, um das Wachstum zu lenken. Für mäßig nährstoffhaltige, eher kalkhaltige Böden. In Regionen mit langem, ausgeprägtem Frost nicht setzen. Schwierig umzupflanzen. H × B: 60 × 100 cm.

Weitere empfehlenswerte Arten:

- ***G. sagittalis***, Flügelginster: niederliegender Habitus, grüne Zweige. H × B: 25 × 50 cm.
- ***G. hispanica***, Spanischer Ginster: vergleichbarer Wuchs, stachlig, leicht bläulich schimmerndes Grün.
- ***G. tinctoria***, Fäber-Ginster: aufrecht wachsend, unzählige gelbe, duftende Blüten. H × B: 100 × 80 cm.

✦ *HELIANTHEMUM*: SONNENRÖSCHEN

SÜDLICHES EUROPA

Als kleinere Verwandte der Zistrosen haben die Sonnenröschen einen flachen, teppichbildenden Wuchs. Exzellente Bodendecker. Immergrünes Laub, graugrün, etwas samtig bepelzt, manchmal silbrig. Die Pflanzen treiben unzählige kurzlebige Blüten mit gelben Staubgefäßen, die bei gutem Wetter das Laub verdecken. Abends und bei bedecktem Himmel schließen sie sich. Fortwährende Blüte von Mai bis September. Auch wenn die Wildformen (*H. apenninum, H. hirtum, H. nummularium* usw.) in naturnaher Gestaltung sehr interessant sind, findet man im Pflanzenhandel zahlreiche kräftige Hybriden in unterschiedlichsten Farben (Weiß, leuchtendes Gelb, Schwefelgelb, Rosa, Orange, Karminrot). Im Gegensatz zu den Zistrosen vertragen die meisten dieser ausdauernden Hybriden normalen Gartenboden, sogar relativ schweren. Bei Frost können Teile der Triebe absterben, aber die Pflanze treibt aus dem Stock wieder aus. H × B: 30 × 70 cm.

Helianthemum 'Fire Dragon' in Gesellschaft mit Yucca, *Silene*, Euphorbien und anderen (Chaumont-sur-Loire, Frankreich).

Helianthemum 'Fire Dragon'

Helianthemum 'Ben Fada'

Hypericum olympicum

Leonotis leonurus

Epilobium canum subsp. angustifolium

✦ *HYPERICUM OLYMPICUM*: OLYMP-JOHANNIS-KRAUT

GRIECHENLAND

Kompakt wachsender Halbstrauch mit bläulichem Laub, im März–April voller goldgelber Blüten. Sät sich aus, wenn der Standort passt. Wunderbar als Einfassung. H × B: 30 × 40 cm.

Weitere empfehlenswerte Art:

- ***Hypericum perfoliatum***: gedeiht an Böschungen und ariden Standorten in ganz Europa, darunter Halden und städtische Flächen. Große, gelbe, nektarreiche Blüten an zähen Stängeln, kleines, ovales Blatt in dunklem Grün. H × B: 70 × 30 cm.

✦ *LEONOTIS LEONURUS*: GROSSBLÄTTRIGES LÖWENOHR

SÜDAFRIKA

Aufrechter Halbstrauch mit verholzendem Stock, eng verwandt mit *Phlomis*, von Juli bis September mit leuchtend orangefarbenen Blütenquirlen, die übereinander an den Sprossabschnitten sitzen. Pflanzgebiet auf mildes Klima beschränkt, auch wenn die Pflanze nach einem kurzen Frost aus der Wurzel wieder austreiben kann. Alternativ im Kübel kultivieren. H × B: 130 × 80 cm. W: –7 °C.

✦ *EPILOBIUM CANUM* SUBSP. *ANGUSTIFOLIUM*

KALIFORNIEN

Gedrungener, teppichbildender Halbstrauch mit kleinen, silbrigen Blättern, sommergrün, ein guter Bodendecker, der sich langsam über trockene, nicht zu karge Böden ausbreitet. Von Juli bis September röhrenförmige, zinnoberrote Blüten, die den Fuchsien ähneln. In kälteren Regionen Winterschutz oder Standort an einer Südwand nötig. Sehr elegant zum Schmuck eines Mäuerchens oder am Rand eines Steingartens. H × B: 50 × 100 cm. W: –12 °C.

ZEITWEISE TROCKENHEITS-VERTRÄGLICH

- *Ceratostigma willmotianum*: Willmotts Hornnarbe
- *Clematis heracleifolia*: Großblättrige Waldrebe
- *Elsholtzia stauntonii*: Chinesische Kamm-Minze

ENTDECKUNGEN

Chamaebatiaria millefolium
Kleiner nordamerikanischer Strauch mit halbimmergrünem Laub, ähnelt einer Schafgarbe oder einem Farn. Schöne Zweige, fahlgelb, an den Spitzen weiße Blütenstände. H × B: 80 × 50 cm.

Rostrinucula dependens
Lange, lanzettliche Blätter in silbrigem Ton. Späte Blüte; lange, hängende Blütenstände (20 cm) in blassem Rosa an den diesjährigen Trieben. Ausladender, überhängender Wuchs. In den ersten Jahren geschützt halten. In kälteren Gebieten treibt die Pflanze wie eine Staude aus dem Wurzelstock wieder aus.

Ononis spinosa
Die Gewöhnliche Dornige Hauhechel zählt zur Klee-Familie, ist ein Halbstrauch, hat rosafarbene Blüten und scharf-dornige Stängel. Wunderbar zur naturnahen Gartengestaltung. Schwierig umzupflanzen. H × B: 50 × 50 cm.

Chamaebatiaria millefolium

Rostrinucula dependens

Ononis spinosa

KLETTERPFLANZEN

Viele Kletterpflanzen wachsen sehr üppig, brauchen jedoch viel Feuchtigkeit. Die folgenden drei Ausnahmen können an Standorten gedeihen, deren Boden über längere Zeit hinweg trocken ist.

✦ *CLEMATIS*: WALDREBEN

Von diesen Kletterpflanzen sind besonders die Gartenhybriden mit großen Blüten bekannt, doch es gibt auch drei seltener gepflanzte, botanische Arten, die widerstandsfähig sind. Sie eignen sich perfekt für Zäune und Gitter oder an Sträuchern, denen sie eine zweite Blüte verleihen und der Strauch schützt und beschattet den Stamm der Waldrebe. Flaumige, silbrige, sehr dekorative Früchte hängen lange an der Pflanze. Mag keine schweren Böden.

- ***C. cirrhosa***: atypische Waldrebe mit kleinen, intensiv duftenden, elfenbeinfarbenen Blüten von Dezember bis März. Bei mildem Klima immergrün, die dunkelgrünen Blätter färben sich bei Kälte bronzefarben. 'Freckles' hat purpurn gesprenkelte Blüten. H × B: 4 × 2 m. W: –12 °C.
- ***C. tangutica***: von Juli bis Oktober goldgelbe Blütenglocken, die sich kaum öffnen, das Laub leuchtend grün und fein gefiedert. Rückschnitt möglich, Spätwinter. H × B: 3 × 2 m.
  Empfehlenswerte Sorten:
  - 'Golden Harvest': mit gelben, offenen Blütenglocken, die Staubgefäße dunkelrot.
  - 'My Angel': außen kupferrosafarbene Blüten.
  - 'Grace': cremeweiß.

- ***Clematis tibetana***: eng verwandt mit *C. tangutica*, allerdings das Laub bläulicher und nicht so üppig wachsend. Von Juli bis Oktober blühend, rot überlaufen, bei einigen Sorten sehr dunkles Kupferrot. H × B: 2 × 2 m.

Gegenüber: *Clematis cirrhosa*

Clematis tangutica 'Golden Harvest'

Weinrebe 'Muskat Hamburg'

Vitis coignetiae

✦ *JASMINUM HUMILE*: NIEDRIGER JASMIN

CHINA

Kletternder, halbimmergrüner Jasmin, der eine eher strauchartige, überhängende Statur annimmt, wenn er keine geeignete Stütze findet. Von Mai bis Juli kleine, gelbe, trompetenartige Blüten, manchmal sogar noch im Herbst, leicht duftend. Bei der am häufigsten gehandelten Sorte 'Revolutum' größere Blüten. H × B: 2 × 2 m. W: –10 °C.

✦ *VITIS*: WEINREBE

Gut bekannte Kletterpflanzen, oftmals in interessanten Herbstfarben. Wunderbar kleidsam für Treillagen und Pergolen, an die sie sich durch ihre Sprossranken gut festhalten. Man kann sie aber auch in einem Baum klettern lassen. Rückschnitt der Triebe auf zwei bis drei Augen ist im Spätwinter möglich, um das Volumen in Schach zu halten.

- ***Vitis vinifera***, Weinrebe: Das ist die Art, die in den Weinbergen zum Tafeltraubenanbau gepflanzt wird, aber auch eine schöne Kletterpflanze. Je nach Sorte sehr unterschiedliches Blatt, entweder tief fiederspaltig oder gelappt. Junges Laub kupferfarben, oft schöne Herbstfärbung. H × B: 5 × 3 m.
  Empfehlenswerte Sorten:
  - 'Muskat Hamburg': schwarze, süße Trauben.
  - 'Alphonse Lavallée': schwarze, süße Trauben, rotes Herbstlaub.
  - 'Chasselas de Fontainebleau': weiße, süße Trauben.
  - 'Cioutat': weißliches, geadertes Laub.

- ***Vitis coignetiae***, Rotroste Rebe: schnellwüchsig, erobert rasch einen ganzen Baum oder eine hohe Mauer. Imposante Blattgröße (bis 30 cm), nahezu ganzrandig, an einem langen roten Blattstiel. Im Herbst flammendes Farbenspiel von Kupferorange bis Scharlachrot. Sehr spektakulär. Trauben nicht essbar. H × B: 10 × 8 m.

Gegenüber: *Vitis coignetiae*

STRÄUCHER

Mit tief reichenden Wurzeln ausgestattet, überstehen diese Sträucher längere Phasen der Trockenheit. Daher muss man sie als möglichst junge Pflanzen setzen und sollte sie später nicht mehr umpflanzen.

✦ *BUDDLEJA DAVIDII*: SOMMERFLIEDER

CHINA

Von der Art *B. davidii*, die sich reichlich vermehrt, gibt es unzählige sterile Hybriden, die sich alle im Wuchs stark ähneln: aufrechte, später überhängende Zweige; lanzettliches Blatt, halbimmergrün, teils silbrig; die Blüten in langen Trauben, violett, malvenfarben, rosa oder weiß, sehr nektarreich. Blüte von Juni bis Oktober an den diesjährigen Trieben, kann daher zum Beginn des Frühjahrs eingekürzt werden. H × B: 2 × 2 m.

Sorten:

- 'Blue Chip': himmelblau, Zwergform.
- 'Argus White': Zwergform mit feinen, weißen Blüten.
- 'Gulliver': rosa, sehr dicht.
- 'Wisteria Lane': hängende Blütentrauben, die an Glyzinen erinnern.

Weitere empfehlenswerte Arten:

- ***B. nivea***: ähnlich, das Laub grau, lange, dünne Blütentrauben in Rosa, überhängend.
- ***B. × weyeriana***: gelbe oder lachsfarbene Blüten, die in kugeligen Gruppen an der Traube hängen.

✦ *CYTISUS SCOPARIUS*: BESENGINSTER

EUROPA

Strauch mit relativ steifem Wuchs, dessen grüne Jungtriebe kleine, ledrige Blätter tragen. Im Mai und Juni üppig blühend, bei der Wildform einfarbig gelb. Jährlicher Rückschnitt nach der Blüte günstig, sonst sieht die Pflanze schnell kahl aus. H × B: 2 × 1 m.

Sorten und weitere empfehlenswerte Art:

- 'Andreanus': orange-rot.
- 'Luna': rein gelb.
- ***C. × praecox***: kompakterer Wuchs (1,2 m Breite und Höhe), frühere Blüte im April–Mai.

Gegenüber: *Buddleja* 'Santana'

B. × weyeriana

Cytisus scoparius 'Andreanus'

Cytisus scoparius 'Luna'

Vitex agnus-castus 'Latifolia'

Ulex europaeus

✦ *VITEX AGNUS-CASTUS*: MÖNCHSPFEFFER

SÜDLICHES EUROPA

Schöner, malerischer Strauch, sehr gesund. Gefingertes Blatt, nach Pfeffer riechend. Von Juli bis Oktober große Blütenstände in Blauviolett. Es gibt zudem 'Rosea' in Rosa, und 'Alba' sowie 'Silver Spire' in Weiß. Nektarreich. Langlebig, kann innerhalb einiger Jahrzehnte zu einem kleinen Baum heranwachsen. Verträgt Gischt. In kühlen Gegenden an Südseiten platzieren und vor Winterwinden schützen. H × B: 3 × 2 m. W: –12 °C.

– 'Latifolia' hat größere Blätter, blüht üppig, bessere Winterhärte (–15 °C).

✦ *GARRYA ELLIPTICA*: SPALIER-BECHERKÄTZCHEN

KALIFORNIEN, OREGON

Dichter Strauch, der mit seinem dunkelgrünen, unterseits grauen, glänzenden, rundlichen Blatt an eine Stein-Eiche erinnert. Von Dezember bis Februar bildet die Pflanze lange männliche Kätzchen, sehr dekorativ; erst silbrig, dann braunrosa gefärbt, bleiben sie lange an der Pflanze hängen. Bessere Winterhärte als erwartet, scheut aber kalten Wind. Langsamer Wuchs. Die Sorte 'James Roof' hat besonders lange Kätzchen. H × B: 3 × 2 m.

✦ *QUERCUS COCCIFERA*: KERMES-EICHE

MITTELMEER

Atypische Eiche mit dichtem, buschigem Wuchs, in der Garrigue heimisch. Kleine, dornig gezähnte Blätter, immergrün, Blattfall nach 2–3 Jahren. Sehr langsam wachsend, gischtverträglich. Ihr Name Kermes-Eiche leitet sich von einer an der Eiche lebenden Laus ab, aus der man früher ein rotes Farbpigment gewann. H × B: 2 × 2 m.

✦ *ULEX EUROPAEUS*: GEWÖHNLICHER STECHGINSTER

EUROPÄISCHE MEERESKÜSTEN

Dichter, immergrüner Strauch, wuchernd und dornig, wurde oft als Schutzhecke oder am Meer zur Festigung der Dünen gepflanzt. Blüte von Februar bis Mai (je nach Witterung auch länger), große, gelbe Schmetterlingsblüten, duftend. Liebt aride und sandige Böden. H × B: 2 × 2 m.

Gegenüber: *Garrya elliptica*

WINTERHARTE EXOTEN FÜR MILDES KLIMA

Viele Sträucher aus mediterranen Klimazonen sind von Natur aus an trockene Böden angepasst. Manche lassen sich auch nördlich ihrer gewohnten Breiten kultivieren, sofern dort keine allzu scharfen, lange anhaltenden Fröste zu erwarten sind.

✦ *ACACIA DEALBATA*: MIMOSE DER GÄRTNER

AUSTRALIEN

Wunderschöner Strauch oder kleiner Baum, von Dezember bis März voller gelber Blütenpompons, stark duftend. Doppelt gefiedertes Blatt mit sehr feinen Fiederblättchen. Liebt saure Böden, H × B: 5 × 2 m und mehr. W: –8 °C für die oberirdischen Pflanzenteile, die Pflanze stirbt bei –12 °C ganz ab.

✦ *CALLISTEMON RIGIDUS*: STEIFER ZYLINDERPUTZER

AUSTRALIEN

Strauch mit baumartiger Gestalt. Feine, ledrige, dunkelgrüne Blätter, immergrün. Im Juni–Juli spektakuläre, rote, nektarreiche Blütenstände in der Form von Flaschenbürsten. In Wirklichkeit sind dies die Staubgefäße. H × B: 2,5 × 1,5 m. W: –10 °C.

Weitere empfehlenswerte Arten:
- *C. viminalis* (größer) und *C. citrinus* (kompakter, aber kaum winterhart, –5 °C).

✦ *FEIJOA SELLOWIANA (= ACCA SELLOWIANA)*: FEIJOA

SÜDAMERIKA

Immergrüner Strauch mit kugeliger Gestalt, die Blätter dunkelgrün und unterseits weißfilzig. Interessante Blüten mit großen, roten Staubgefäßen von Juni bis August, die fleischigen, weißrosafarbenen Blütenkronblätter sind essbar und schmecken wie Erdbeerbonbons. Bei günstigem Klima reifen im Herbst kleine, grüne, süße Früchte. Man benötigt zwei Individuen der Feijoa oder selbstfruchtende Sorten wie ‘Coolidge’. In kalten Regionen während der ersten Jahre schützen. H × B: 2 × 1,5 m.

Acacia dealbata

Callistemon rigidus

Feijoa mit wunderschönem grauem Laub.

Gegenüber: *Callistemon viminalis*

Grevillea juniperina

✦ *GREVILLEA JUNIPERINA*: WACHOLDERBLÄTTRIGE SILBEREICHE

AUSTRALIEN

In der Familie der Proteaceae verträgt sie die niedrigsten Temperaturen. Nadelförmiges, grünes Blatt, immergrün, lässt an eine Lärche oder an einen Wacholder denken. Von Februar bis Mai rosarote Blütentrauben, die Staubgefäße gebogen. Biegsamer Strauch, als Heckenpflanze geeignet, kann geschnitten werden, um dichteren Wuchs zu fördern. Gischttolerant. Topfkultur möglich. Für leicht saure, absolut phosphatarme Böden (wie alle Proteaceae). H × B: 2 × 1,5 m. W: –12 °C.

– ***G. rosmarinifolia***: ähnlich, die Blüten pinkfarben, das Laub etwas grauer und nicht so stechend.

✦ *LANTANA CAMARA*: WANDELRÖSCHEN

MITTELAMERIKA

Kleiner, in mediterranen Gärten häufiger Strauch, sehr gischttolerant, von Mai bis September üppig blühend. Kälteempfindlich. Bei manchen Sorten verfärben sich die Blüten während sie altern (z. B. von Gelb nach Korallenrot oder Orange). Die Pflanzen tragen dadurch stets Blüten in zwei Farben. Die Hybriden der Gruppe 'Chapel Hill' scheinen robuster zu sein (–10 °C). Es gibt auch kompakte Formen ('Evita', 40 cm). H × B: 1 × 1. m. W: –5 °C.

✦ *MELIANTHUS MAJOR*: ECHTER HONIGSTRAUCH

SÜDAFRIKA

Exotisch aussehender, immergrüner Strauch, dessen bläulich grüne Blätter beim Zerreiben nach Erdnuss duften. Von April bis Juni große, rote Blütentrauben. In kälteren Regionen treibt der Honigstrauch wie eine große Staude jedes Frühjahr aus der Wurzel neu aus, diese im Winter mit Stroh bedecken. Sobald die Pflanze am Standort etabliert ist, verträgt sie Frost bis –12 °C, doch die oberirdischen Teile sterben bereits bei –6 °C ab. Gischttolerant. H × B: 2 × 1,5 m.

Lantana camara in verschiedenen Farben.

Gegenüber: *Melianthus major* in Chaumont-sur-Loire (Frankreich).

Oxypetalum coeruleum

Fremontodendron californicum

ENTDECKUNG

Emerus major, Strauchkronwicke
Mediterraner Strauch mit unzähligen Schmetterlingsblüten, gelb mit bräunlichen Strahlen, nektarreich, April bis Juli. Das Laub hellgrün, unpaarig gefiedert (7–9 Fiedern). Von Natur aus schlacksige Gestalt. Liebt eher karge Böden. Lebensspanne bis maximal 15 Jahre, wie Ginster. H × B: 1,5 × 1 m.

✦ *OXYPETALUM COERULEUM* (= *TWEEDIA COERULEA*): BLAUE SEIDENBLUME

SÜDAMERIKA

Kletternde oder kriechende Staude, die leichten Triebe voller dunkelgrüner, dreieckiger Blätter, von Juni bis Oktober mit porzellanblauen Blüten, diese unterseits hell malvenfarben, später weiß. Längliche Balgfrüchte, darin zahlreiche flaumige Samen. Zur Verlängerung der Blühperiode verwelkte Blüten abknipsen. Karge Böden. H × B: 0,5 × 1 m. W: –10 °C.

✦ *CERATONIA SILIQUA*: JOHANNISBROTBAUM

MITTELMEERANRAINER

Großer Strauch oder kleiner Baum (diözisch, also mit männlichen und weiblichen Individuen), langsam wachsend, die Gestalt etwas knorrig gewunden, bei alten Exemplaren eine braune, zerfurchte Borke. Immergrünes, ledriges, gefiedertes Laub mit großen, welligen Fiederblättern. Von August bis Oktober unspektakuläre braunrote Blüten, aus denen große, braune Hülsen entstehen. Darin sind Kerne eingeschlossen, die als Besonderheit ein sehr einheitliches Gewicht aufweisen. Ursprünglich definierten sie das Gewicht von einem Karat, was noch heute für Gold und Edelsteine verwendet wird. Schwierig umzupflanzen, verträgt aber den Schnitt gut. H × B: 10 × 6 m.

✦ *FREMONTODENDRON CALIFORNICUM*: KALIFORNISCHER FLANELLSTRAUCH

USA, MEXIKO

Voluminöser, stark verzweigter Strauch mit immergrünen, festen, gelappten Blättern, deren Unterseiten braun behaart sind, kann Hautreizungen auslösen. Große, becherförmige, glänzende Blüten überziehen die Pflanze von April bis Juni. Braucht viel Hitze zum Verholzen der Triebe, sollte daher in nördlichen Breiten unbedingt an einer Südseite geschützt stehen. Auch Spalier an der Mauer ist möglich. H × B: 3 × 2 m. W: –12 °C.

– ‘California Glory’, eine Hybride mit *F. mexicanum*, ist wuchtiger.

Gegenüber: *Ceratonia siliqua*

YUCCA UND CO.

NORDAMERIKA

Trotz ihrer exotischen Gestalt vertragen viele Yuccas die Kälte, sofern der Boden sehr gut durchlässig ist. Bei jungen Pflanzen sitzen die Rosetten aus sukkulenten Blättern direkt am Boden, danach bildet die Pflanze mit den Jahren Stämme aus, teils verzweigt. An einem Blütenstängel, der mindestens 1 m über die Blattrosetten ragt, wachsen zwischen Mai und August große, weiße Blütenglocken. Jedes Blatt trägt eine dornige Spitze, die man zur Vorsicht (bei einem Haushalt mit Kindern oder bei Pflanzen auf Augenhöhe) auch leicht kappen kann.

Yucca gloriosa

EMPFEHLENSWERTE ARTEN:

- *Y. gloriosa*: am weitesten verbreitet, 1,50 m.
- *Y. filamentosa*: Blattränder mit lockigen Fasern, 2 m.
- *Y. glauca*: sehr kurzer Stamm, blaues Laub, 1 m.
- *Y. aloifolia*: hellgrün, im Winter purpurn, steif, bildet leicht Ableger, 2–5 m.
- *Y. rostrata*: kugelförmige Blattrosetten, Laub graublau, 2–4 m.

***Dasylirion wheeleri*: Rauschkopf**

Mexiko, Texas. Verwandter der Yucca mit kompaktem Wuchs. Blaugraue, lang gestreckte, linealische Blätter mit stacheligem Blattrand. Bildet eine kugelrunde Grundform, die langsam im Laufe der Jahre über einem kurzen Stamm schwebt. Sehr hoher Blütenstängel (bis 3 m), gelblich, gerade, nur erwachsene Pflanzen blühen (im Mai–Juni). In regnerischen Regionen den Stock im Winter vor Nässe schützen. Empfindliche Wurzeln, daher nicht umpflanzen. H × B: 2 × 1 m.

***Nolina hibernica*: Bärengrasbaum, Mexikanischer Grasbaum**

Mexiko. Exotisch aussehende Pflanze, die biegsam ist und bei älteren Exemplaren einen Stamm aufweist. Lange, graugrüne Blätter, nur mäßig stechend. Am häufigsten sieht man die Sorte 'La Siberica', benannt nach einer mexikanischen Höhenlage und nicht nach dem russischen Sibirien. Zwischen Mai und Juli treibt die Pflanze einen aufrechten, elfenbeinweißen Blütenstand, ähnlich wie die Yucca, doch sie blüht erst nach einigen Lebensjahren. Danach bilden sich Ableger. Jung pflanzen, sonst wächst sie nur unzuverlässig an. H × B: 1,5 × 1 m.

Yucca aloifolia

Yucca rostrata

Dasylirion wheeleri

Nolina hibernica: Bärengrasbaum

LAUBBÄUME

Nicht nur mediterrane Baumarten vertragen die Trockenheit. Auch in anderen Klimazonen finden sich derartige Bäume mit dekorativen Blüten, Blättern oder einer bemerkenswerten Silhouette.

✦ *ACER MONSPESSULANUM*: FELSEN-AHORN

MITTEL- UND SÜDEUROPA

Ahorn von bescheidener Größe und langsamem Wuchs, rundliche, regelmäßige Gestalt. Liebt trockene, kalkhaltige und eher magere Böden. Blätter erinnern an den Feld-Ahorn, sind jedoch dreizählig statt fünfzählig gelappt, die Textur ist ledrig. Dunkle, tief zerfurchte Borke, besonders attraktiv bei alten Bäumen. Schöne Herbstfärbung. H × B: 7 × 4 m.

✦ *AMELANCHIER OVALIS*: GEWÖHNLICHE FELSENBIRNE

MITTELEUROPA

Schöner Strauch oder kleiner Baum für trockene, steinige Standorte, wächst oft verdreht und stark verzweigt. Im April–Mai übersät mit Tausenden weißer, sternförmiger Blüten, danach blauschwarze, essbare Früchte. Schöne gräuliche Borke bei älteren Exemplaren. H × B: 5 × 2 m.

✦ *ARBUTUS UNEDO*: ERDBEERBAUM

MITTELMEER

Strauch oder kleiner, immergrüner Baum mit z. T. wellenförmig wachsenden Ästen und gezähntem Blatt, Blattknospen rötlich, dann glänzend grünes Laub. Nach etlichen Jahren entwickelt der Stamm eine schöne braunrote Borke, die sich in Schuppen ablöst. Von Oktober bis Januar weiße Glockenblüten, aus denen sich ein Jahr später rote, warzige Beeren entwickeln (also gleichzeitiger Behang mit Blüten und Früchten). Essbar, aber nicht besonders schmackhaft. Langsames Wachstum. Verträgt Kalkböden gut, was bei Ericaceae eher selten ist. 'Rubra' blüht rosa. H × B: 5 × 3 m.

Gegenüber: *Arbutus unedo*

Acer monspessulanum

Amelanchier ovalis

Arbutus × andrachnoides

Argyrocytisus battandieri

Eucalyptus gunnii (Nahaufnahme junger Blätter)

Weitere empfehlenswerte Arten:

- *A. andrachne*: wunderschöne Borke in orangeroten und beigefarbenen Tönen, Borke löst sich in großen Platten ab, etwas geringere Winterhärte (–12 °C), 5 × 3 m.
- *A. × andrachnoides*: Hybride der beiden vorgenannten Arten mit ebenfalls beeindruckenden kupferfarbenen Stämmen, kann 8 m Höhe überschreiten.

✦ *ARGYROCYTISUS BATTANDIERI*: SILBERGINSTER

MAROKKO

Großer, aufrechter Strauch, später ausgreifender. Trägt von Mai bis Juni 10 cm lange Blütentrauben, die wie eine Ananas aussehen und auch danach duften! Blatt dreizählig geteilt und von einer silbrig glänzenden Behaarung überzogen. Mehrstämmige Exemplare sind attraktiver. Bei zu frischen, schweren Böden verkürzt sich die Lebensspanne. Oft auf *Laburnum anagyroides* gepfropft, in diesem Fall keinesfalls einen Kopfschnitt machen, sonst treibt die Unterlage aus. Jung pflanzen und nicht umsetzen. H × B: 5 × 3 m. W: –12 °C (übersteht aber manchmal auch tiefere Temperaturen).

✦ *EUCALYPTUS GUNNII*: TASMANISCHER EUKALYPTUS

AUSTRALIEN

In seiner Heimat ein riesiger Baum, der in unserem Klima leicht 10 m hoch wird. Kann durch Rückschnitt bis zum Boden als Strauch gehalten werden. Alle Teile der Pflanze duften nach ätherischen Ölen. Die immergrünen, blaugrauen Blätter sind an den jungen Zweigen rundlich und an älteren Ästen lanzettlich. Blüte von Mai bis August. Schöne braune Borke, nach dem Schälen grau. Leidet bei unter –12 °C an der Kälte, die Äste sterben bei –15 °C ab, aber die Pflanze kann aus dem Stock wieder austreiben. Wächst sehr schnell. H × B: 20 × 5 m.

Weitere empfehlenswerte Art:

- ***E. pauciflora* subsp. *niphophila***: kleiner (4–6 m) und robuster (–18 °C), bei alten Bäumen eine schöne grauweiße Borke.

Gegenüber: *Eucalyptus pauciflora* subsp. *niphophila*

✦ *LAGERSTROEMIA INDICA*: CHINESISCHE KRÄUSELMYRTE

CHINA

In nicht zu rauem Klima wird der Baum oft in Reihen gesetzt. Bei älteren Bäumen sehr schöne schuppige Borke in Beige, Braun und Olivgrün, besonders attraktiv bei mehrstämmigen Exemplaren (Stockschnitt). Große, raschelnde Blütenrispen in Rosa, Fuchsia, Malve oder Weiß an den Jahrestrieben. Rückschnitt im Spätwinter möglich. Schönes leuchtendes Herbstlaub. Nicht zu flachgründiger Boden. Zahlreiche Sorten, darunter kürzlich hinzugekommene winterharte Züchtungen, Sorten mit purpurnem Laub ('Rhapsody in Pink') oder buschige Sträucher (die Gruppe 'Summer Beauty', 'Red Imperator' mit 1,5 m Höhe). H × B: 5 × 3 m. W: –12 °C.

✦ *OLEA EUROPAEA*: OLIVE

MITTELMEERLÄNDER

Symbol der Mittelmeerlandschaft, allerdings ein etwas kälteempfindlicher Baum, der bei uns nur in den wärmsten und geschütztesten Regionen im Freiland stehen sollte. Eine Topfkultur ist möglich, wenn man die Pflanze im Winter ins Haus holt oder vor Kälte schützt. Feines, immergrünes Laub, silbriggrün. Gewundener Wuchs, der Stamm relativ kurz und oft knorrig. Schöne graue Borke, bei alten Exemplaren tief gefurcht. Das sehr harte Holz wird seit Jahrhunderten genutzt. In klimatisch milden Regionen werden die Oliven im Spätsommer vor der Vollreife geerntet. Es gibt zahlreiche Varietäten mit unterschiedlichem Geschmack, von der Tafelolive bis hin zu Oliven für die Ölgewinnung. Ausreichend tiefe Bodenschicht, damit der Baum gut wurzeln kann. H × B: 8 × 6 m. W: –10 °C (oberirdische Pflanzenteile) bis –15 °C (Wurzel).

Gegenüber: *Lagerstroemia indica*

Olea europaea

Prunus mahaleb

Pyrus salicifolia 'Pendula'

ZEITWEISE TROCKENHEITSVERTRÄGLICH

- *Acer opalus*: Frühlings-Ahorn
- *Alnus incana*: Grau-Erle, eine montane Art
- *Betula pendula*: Hänge-Birke, Warzen-Birke
- *Cercis siliquastrum*: Gewöhnlicher Judasbaum
- *Ficus carica*: Echte Feige
- *Fraxinus ornus*: Blumen-Esche
- *Laurus nobilis*: Lorbeerbaum
- *Malus baccata*: Beeren-Apfel

✦ *PRUNUS MAHALEB*: FELSEN-KIRSCHE

MITTELMEER

Gedrungener Kirschbaum trockener und kalkhaltiger Standorte, mit kleinen, ovalen Blättern, am Blattstiel herzförmig, dunkelgrün. Oft von buschiger Statur, stark verzweigt, kurzer Stamm. Im April–Mai weiße Kirschblüten, sehr nektarreich, ab Juli–August kleine, schwarze Früchte. Duftendes Holz. Treibt aus der Wurzel leicht nach und kann daher auf den Stock gesetzt werden. Wunderbar als frei wachsende Hecke an sehr trockenen Standorten. H × B: 8 × 6 m.

✦ *PYRUS SALICIFOLIA* 'PENDULA': WEIDEN-BIRNE

GARTENFORM (WILDFORM STAMMT AUS ZENTRALASIEN)

Sommergrüner Birnbaum mit silbrigem Blatt, das an eine Weide erinnert, in Trauerform und etwas zerzaust. Sehr oft auf einen geraden Stamm (*Pyrus communis*) gepfropft, um den Habitus zu betonen. Seltener gibt es auch am Fuß gepfropfte Exemplare, die einen schönen kuppelförmigen Wuchs entwickeln. Bevorzugt als Solitär setzen. Kleine, weiße Blüten, April oder Mai; danach im Spätsommer kleine Birnen, geschmacklich uninteressant. Gischtverträglich. Es ist ausgesprochen schwierig, die Wildform im Handel zu finden. Sie bildet einen ebenfalls attraktiven großen Busch oder kleinen aufrechten Baum. H × B: 4 × 2 m.

✦ *TAMARIX TETRANDRA*: VIERMÄNNIGE TAMARISKE

SÜDLICHES EUROPA

Großer Strauch oder kleiner zierlicher Baum mit biegsamer, nach Jahren ausgreifender Statur. Rauer, furchiger Stamm mit dunkler Borke. Im April–Mai spektakuläre, duftige Blüten in blassem Rosa an den Vorjahrestrieben. Sie hüllen den Baum in eine Wolke. Nach der Blüte treiben winzige, nadelförmige Blätter aus. Gut angepasst an Küstenklima und Gischt. Für karge und sandige Böden. H × B: 5 × 3 m.

Weitere empfehlenswerte Arten:

- ***T. ramosissima, T. gallica***: sommerliche Blüte an den Jahrestrieben, dabei schon belaubt.

Gegenüber: *Tamarix tetrandra*. Man sollte nicht zögern, die Zweige direkt nach der Blüte um die Hälfte einzukürzen, damit sie kompakt bleibt.

KONIFEREN

Alle trockenheitsverträglichen Nadelbäume besitzen ein nicht sehr dichtes, nicht tief reichendes Wurzelsystem. Man sollte sie daher jung pflanzen und darauf achten, dass keine Wurzel verdreht oder eingerollt ist.

✦ *CUPRESSUS ARIZONICA*: ARIZONA-ZYPRESSE

SÜDEN DER USA

Große Konifere mit schuppenförmigen, blaugrünen Nadeln, die an kurzen, zylindrischen Zweigen sitzen. In den ersten Jahren schmal aufrecht, später pyramidenförmig. Schöne braunrote Borke. Kann sehr alt werden. Gut an das Meeresklima angepasst. H × B: 15 × 6 m.

Empfehlenswerte Sorten:

- 'Glauca': stärker blau.
- 'Fastigiata': mit säulenartiger Statur, intensiver grün.

✦ *CUPRESSUS SEMPERVIRENS*: ECHTE ZYPRESSE

MITTELMEER

Die für die Toskana und Südfrankreich typische Konifere, die man fast nur säulenförmig findet, nachdem dieser Wuchs seit römischer Zeit zu Lasten der Wildform selektiert und weithin verbreitet wurde. Diese pyramidenförmige Wildform ist heute rar. Smaragdgrünes, dichtes Laub. Die Äste alter Bäume hängen oft unter der Last der Früchte über. H × B: 10 × 1 m.

Gegenüber: *Cupressus arizonica* 'Glauca'

Cupressus sempervirens. Eine Zypressenpopulation, die aus Samen mehr oder weniger schlanker Exemplare vermehrt wurde.

Säulenartige, gerade Form.

Juniperus oxycedrus

Juniperus phoenicea

Juniperus communis subsp. *nana*

✦ *JUNIPERUS*: WACHOLDER

EUROPA, CHINA

Eine typische Koniferengattung trockener bis arider Standorte sowie Gebirge, intensiv duftend, relativ langsames Wachstum.

Die wichtigsten empfehlenswerten Arten:

- ***J. communis***, Heide-Wacholder: Laub in Form stechender Nadeln, in dreizähligen Wirteln an den Zweigen sitzend, oberseits eine weißliche Linie, in der sich die Spaltöffnungen verbergen. Blaue, schlehenähnliche Früchte, nach 2–3 Jahren werden sie schwarz (Wacholderbeeren). H × B: 4 × 3 m.
- ***J. communis subsp. nana***: zwergige Wildform, teppichbildend, Bodendecker (H: 50 cm).
- ***J. oxycedrus***, Stech-Wacholder: ähnelt dem Heide-Wacholder, die Blattoberseiten jedoch mit zwei weißen Streifen, struppigere Statur, bei alten Exemplaren teils trauerförmig. Blaue Früchte, die sich bei Reife rotbraun färben. H × B: 4 × 3 m.
- ***J. phoenicea***, Phönizischer Wacholder: schuppenförmige, dachziegelförmig eng an den Zweig angelegte Blätter. Reife Früchte rotbraun. H × B: 6 × 3 m.
- ***J. chinensis***, Chinesischer Wacholder: kleines, mittelgrünes Blatt, entweder schuppenförmig oder nadelförmig an den Zweigen angelegt. Eher kalkhaltige, karge Böden. H: 1–10 m, je nach Sorte. Man findet inzwischen zahlreiche Züchtungen, die nicht so hoch aufwachsen und für kleinere Gärten geeignet sind. Die bläuliche Sorte 'Stricta' wächst kegelförmig (3 × 1 m); 'Blue Alps' ist unregelmäßig licht, silbrig blau (2,5 × 2 m); 'Kaizuka' ist unregelmäßig licht und grün (3 × 3 m), diese Sorte verwendet man auch oft für die Bonsai-Kultur.

Juniperus chinensis

Pinus cembra neben einer herbstlich gefärbten Sumpfzypresse (*Taxodium distichum*) im Botanischen Garten Floralpina (Arras, Frankreich).

Pinus halepensis

✦ *PINUS*: KIEFERN

Merkmale der Kiefern sind ihre Kurztriebe mit Büscheln von 2, 3 oder 5 Nadeln und je nach Art spezifisch geformte Kiefernzapfen. Stark duftend. Jung pflanzen, damit sich das Wurzelwerk gut und verzweigt ausbilden kann. Die Wurzeln vor dem Pflanzen entwirren. Vermehrung durch Sämlinge, bei bestimmten Auslesen durch Pfropfen.

Die wichtigsten empfehlenswerten Arten:

- ***P. cembra***, Zirbel-Kiefer (Arve): 5–15 × 2–3 m. Dunkelgrüne Nadeln (6–12 cm) in Fünferbüscheln. Ein alpiner Baum, der in der Natur aufgrund des Windes knorrig verwunden wächst, in Gärten jedoch aufrecht und gerade. Perfekt über einem großen Steingarten. Extrem winterhart (–30 °C).
- ***P. halepensis***, Aleppo-Kiefer: 8–15 × 3–6 m. Leuchtend grüne Nadeln (6–10 cm), paarweise gruppiert. Eine ursprünglich am Mittelmeer heimische Kiefer, die heiße, trockene und eher kalkhaltige Standorte bevorzugt. Schöne silbergraue Borke. W: –12 °C.
- ***P. pinaster***, Gewöhnliche Strand-Kiefer: 15–30 × 5–8 m. Sehr lange, dunkle Nadeln (10–20 cm), paarweise gruppiert. Wie ihr Name schon andeutet, ist sie an Stränden verbreitet und liebt daher das Küstenklima, sandige und eher saure Böden. Pyramidenförmige Gestalt, die später dem etagenförmigem Wuchs weicht, die unteren Zweige verkahlen vom Stamm her und erlauben den Blick auf die graue, tief gefurchte Borke. Rascher Wuchs. W: –15 °C.
- ***P. pinea***, Pinie, Schirm-Kiefer: 15–25 × 6–15 m. Lange, smaragdgrüne Nadeln (8–15 cm), paarweise gruppiert. Eher kalkärmere Küstengebiete im Südosten und Südwesten Europas. Eine rundliche, später abflachende Krone verleiht der Pinie den schirmartigen Anblick. Schöne, gefurchte Borke ähnlich wie *P. pinaster*, aber kupferfarben. Große, mandelförmige Früchte, die Pinienkerne. Sie sind essbar. W: –12 °C.

Gegenüber: *Pinus halepensis*

PALMEN

Einige Palmen legen eine erstaunliche Winterhärte an den Tag. Aus gärtnerischer Sicht sollte man sie mit anderen exotisch aussehenden Arten kombinieren, damit nicht ein seltsamer Patchwork-Eindruck im Garten entsteht. In den ersten Jahren wachsen sie gewöhnlich langsam. Die kleineren Arten eignen sich auch für die Kultur in (großen) Kübeln.

Butia capitata

Chamaerops humilis

Jubaea chilensis

***Butia capitata*: Gewöhnliche Geleepalme**
Art mit relativ geradem, kräftigem „Stamm" (Stipa). Die gefiederten Wedel stark gebogen, blaugrün. Stachelige Blattstiele. H × B: 6 × 4 m.

***Chamaerops humilis*: Europäische Zwergpalme**
Palme, die ein dichtes, nicht besonders hohes Büschel bildet, an dem sich Tochterpflanzen entwickeln. Grüne Palmwedel in Fächerform, die Blattstiele stachelig. 'Cerifera' ist blaugrau. H × B: 2 × 2 m. Die einzige in Frankreich heimische Palme.

***Jubaea chilensis*: Honigpalme**
Dicker „Stamm", nicht von Fasern bedeckt, faltig, lässt an einen Elefantenfuß denken. Extrem langsames Wachstum, der strauchartige Habitus bleibt über Jahrzehnte hinweg erhalten. Palmwedel vergleichbar der Dattelpalme. H: 10–20 m.

***Sabal minor*: Zwerg-Palmettopalme**
Palme mit sehr kurzem „Stamm", wächst daher als niedriges Büschel. Dunkelgrüne, fächerförmige Wedel. Strauchähnliches Aussehen wie die Zwergpalme, aber noch gedrungener. H × B: 2 m × 2 m.

***Trachycarpus fortunei*: Chinesische Hanfpalme**
Großer Einzel-„Stamm", zylindrisch und gerade, mit braunen Fasern bedeckt. Dunkelgrüne Wedel in Fächerform. H: 6–15 m. W: –20 °C, verträgt in dieser Liste die niedrigsten Temperaturen.

– *T. wagnerianus* hat etwas kleinere Palmwedel, die nicht so empfindlich bei Schlechtwetter sind wie *T. fortunei*, eleganterer Anblick.

Gegenüber: *Trachycarpus wagnerianus*

TROCKENHEITS-TOLERANTE PFLANZEN **FÜR DEN HALBSCHATTEN**

Bei extremer Hitze oder an übermäßig sonnigen oder zu schattigen Standorten leiden auch diese Pflanzen, doch sie vertragen Sonne oder Schatten über mehrere Stunden hinweg während eines Tages.

Anemone blanda (blau)

GEOPHYTEN

Viele dieser Pflanzenarten gehören zum typischen Unterbewuchs von Gehölzen, der schon blüht und fruchtet, bevor die Blätter für starken Schatten sorgen. Sie vertragen von Natur aus die sommerliche Trockenheit, weil sie sich dann in der völligen Vegetationsruhe befinden.

✦ *ANEMONE BLANDA*: BALKAN-WINDRÖSCHEN

GRIECHENLAND, KAUKASUS

Das Balkan-Windröschen entwickelt im März–April wunderschöne blaulila Blüten über geteilten Blättern. Wenige Wochen später zieht die Pflanze ein und verbringt den Sommer in Vegetationsruhe. Es gibt rosafarbene und weiße Sorten, die oft gemischt angeboten werden. Sät sich gelegentlich aus. H: 10 cm.

✦ *HYACINTHOIDES HISPANICA*: SPANISCHES HASENGLÖCKCHEN

SÜDLICHES EUROPA

Die Blütenstängel wachsen im April oder Mai aus einem Büschel bandförmiger, leuchtend grüner Blätter hervor und tragen zahlreiche malvenblaue Blüten, die sich rund um den Stängel verteilen. Sät sich aus. Ab Spätfrühling in Vegetationsruhe. H × B: 25 × 20 cm. Pflanzen Sie keine *H. hispanica*, wenn *H. non-scripta* in Ihrer Umgebung wächst. Die Arten könnten sich kreuzen, was dem Bestand der letzteren Art schadet.

Weitere empfehlenswerte Art:
- ***H. non-scripta***: Das Atlantische Hasenglöckchen trägt alle seine blauvioletten Blüten auf einer Seite des Stängels.

Anemone blanda (weiß) kann man entweder in Anzuchttöpfen oder als Zwiebelchen im Handel finden. Man muss Letztere vor dem Auspflanzen im Herbst einige Stunden einweichen.

Gegenüber: Spanische Hasenglöckchen (*Hyacinthoides hispanica*) schmücken den Boden unter diesen Hecken im Frühling.

Muscari botryoides
Muscari aucheri

Muscari comosum

✦ *MUSCARI ARMENIACUM*: ARMENISCHE TRAUBENHYAZINTHE

OSTEUROPA, BALKAN

Von März bis April Stängel mit kleinen, hell blauvioletten Blütenglöckchen. Im Frühling pflanzen oder im Frühherbst Zwiebeln setzen, dann im Beet oder in nicht zu dichtem Rasen verwildern lassen. H: 15 cm.

Weitere empfehlenswerte Arten:

- ***Muscari botryoides***: längere Blätter, die Blüten dunkler und rundlicher.
- ***Muscari aucheri, M. latifolium***: niedrige Arten (10 cm), die perfekt für Steingärten geeignet sind.
- ***Muscari comosum***: wesentlich größer, die Blüten violett, nach oben geöffnet. In steinigen und eher kalkhaltigen Böden leicht zu verwildern. H: 30 cm.

Narcissus 'Tête-à-Tête'

✦ *NARCISSUS*: NARZISSE, JONQUILLE

GARTENFORM

Sehr bekannte Zwiebelpflanzen, die von Februar bis Mai das Unterholz mit Gelb, Orange oder Weiß beleben. Bei den robustesten Sorten werden die Büschel jedes Jahr größer, bis sich schöne Kolonien bilden. Sie sind ideal für das Verwildern in Wiesen oder im Unterbewuchs. Mit dem Rückschnitt sollte man warten, bis die Blätter richtig gelb geworden sind, damit die Pflanze alle Reserven für das Folgejahr gespeichert hat. Außerdem sind alle Sorten bei Rötelmäusen beliebt. H: 30–50 cm (mit Ausnahme einiger kleiner Sorten).

Empfehlenswerte Arten und Sorten:

Früh blühend (Ende Februar bis Ende März)

- 'Tête-à-Tête': kleine, gelbe Blüten, paarweise am Stängel, 25 cm, Anfang März.
- *N. pseudonarcissus*: Die häufigste wilde Narzissenart in unseren Wäldern, schöne schwefelgelbe Blüten, Anfang März.
- 'Erlicheer': kleine, cremeweiße, üppig gefüllte Blüten, duftend, Ende März.
- 'Rosy Cloud': große, „seidige" Blüten in Weiß mit Lachsrosa, Ende März.

Wilde *Narcissus pseudonarcissus*

Narcissus 'Ehrlicheer'

NARZISSE ODER JONQUILLE?

Das Wort Jonquille bezeichnet im Prinzip nur die kleine iberische Art *N. jonquilla*, doch der Gebrauch hat sich auf alle Arten und Sorten mit langer, gelber Nebenkrone (trompetenartig) ausgeweitet. Die Narzisse bezeichnet im Gegensatz eher die Pflanzen mit kurzer Nebenkrone oder auch alle Vertreter der Gattung.
Die Blütenhülle dieser Pflanzen ist nicht in Kelch und Krone gegliedert, sondern besteht aus sechs gleichartigen Blütenblättern, sogenannten Tepalen.

Narcissus 'Rosy Cloud'

Narcissus bulbocodium

Narcissus 'Thalia'

Saisonmittig blühend (April)
- *N. bulbocodium*: kleine botanische Art (15 cm), die sich ideal in Steingärten macht. Becherförmige Blüte mit vergleichsweise großer Nebenkrone bei kleineren Tepalen; Anfang April.
- 'Altruist: große, blassgelbe Tepalen, Nebenkrone kurz und leuchtend orange gefärbt; Mitte April.
- 'Mout Hood': große, reinweiße Blüten; Mitte April.
- 'Pipit': mittelgroße, schwefelgelbe Blüten, innen etwas heller; Mitte April.

Spät blühend (April–Mai)
- 'Petrel': mehrere, cremeweiße Blüten pro Stängel, die Nebenkrone kürzer als bei 'Thalia'; Ende April.
- *N. poeticus*, Dichter-Narzisse: stark duftend; Ende Mai.

Narcissus 'Altruist'

Narcissus 'Mout Hood'

Narcissus poeticus

Narcissus 'Pipit'

Narcissus 'Petrel'

WEITERE GEOPHYTEN FÜR DEN HALBSCHATTEN

✦ *ASPHODELUS ALBUS*: WEISSER AFFODILL

EUROPA

Große, halbimmergrüne Staude mit majestätischer Statur. Lange, bläulich grüne Blätter, aus denen ein robuster, nicht oder wenig verzweigter Stängel aufwächst. Zwischen April und Juni sternförmige, weiße Blüten. Verträgt trockene oder feuchte Böden gut, solange sich keine Nässe staut. Man kann die Pflanze daher unter Bäumen ebenso wie an Ufern setzen, wo sie wesentlich robuster wird. H × B: 80 × 40 cm.

✦ *ALLIUM GIGANTEUM*: RIESEN-LAUCH

HIMALAYA

Leicht zu kultivierende Zierlauch-Art. Große, rosaviolette, nektarreiche Blütenkugeln mit einem Durchmesser von 15 cm und mehr; Mai und Juni. Die Blüten ragen an einem dicken, festen, graugrünen Stängel auf. Ausladende Rosette grauer Blätter, nicht vor dem vollständigen Trocknen abschneiden. 15–20 cm tief einpflanzen. H: 1–1,5 m.

Weitere empfehlenswerte Sorten:

- ‘Gladiator’, ‘Ambassador’, ‘Globemaster’ sind gleich, ‘Purple Sensation’ ist etwas kleiner (60–80 cm).
- ‘Mont Blanc’, ‘Mount Everest’: weiß, kleiner (80 cm).

Allium ‘Purple Sensation’

Asphodelus albus

Allium giganteum

Dracunculus vulgaris

✦ *DRACUNCULUS VULGARIS*: DRACHENWURZ, SCHLANGENWURZ

SÜDEUROPA

Eine ebenso schöne wie seltsame Pflanze! Ihre fingerförmig geteilten, glänzenden und weiß gebänderten Blätter brechen im Frühling aus dem Boden. Bei diesem Vertreter der Aronstabgewächse bildet sich im Mai oder Juni ein sehr großer Blütenstand, purpurrot und 50 cm lang, der zum Anlocken seiner Bestäuber einen aasartigen Gestank verbreitet. Das dauert aber nur 2–3 Tage. Eher kalkhaltiger Boden, vor starkem Wind schützen. H × B: 100 × 60 cm.

✦ *ORNITHOGALUM UMBELLATUM*: STERN VON BETHLEHEM

EURASIEN

Aus einer Zwiebel treibende, mehrjährige Pflanze, die sich wunderbar als Gehölzunterpflanzung zwischen den Wurzeln der Bäume macht. Dichte Büschel grasartiger Blätter, im April–Mai große, sternförmige Blüten, weiß mit grüner Aderung auf der Rückseite. Keine Eignung als Bodendecker, aber wunderbar zwischen kleinen Teppichbildnern wie Veilchen oder Alpenveilchen. Mit den ersten heißen Tagen ziehen die Pflanzen ein, bevor sie im Folgejahr etwas breiter wieder hervorkommen. Säen sich bei günstigem Standort aus. Wie bei den meisten Arten dieser Familie sind alle Pflanzenteile giftig. H: 15–20 cm.

✦ *ZINGIBER MIOGA*: JAPAN-INGWER

JAPAN

Mit diesem Ingwer ist die Exotik im Garten garantiert. Es ist die einzige Art, die ausreichend Winterhärte aufweist. Zur Sicherheit sollte man aber eine ordentliche Strohschicht auflegen. Breitet sich langsam durch seine Rhizome aus. Die langen, spitzen Blätter rollen sich bei Wassermangel zusammen, doch die Speicherknolle sorgt für das weitere Überleben. Verschwindet im Winter gänzlich und treibt mitten im Frühling wieder aus (den Standort gut merken). Die Blütenknospen, die von Juni bis August am Fuß der Austriebe entstehen, sind essbar. ‘Silver Arrow’ ist gelb panaschiert, ‘Dancing Crane’ ist weiß panaschiert. H × B: 70 × 50 cm.

Ornithogalum umbellatum

Zingiber mioga 'Silver Arrow'

Zingiber mioga 'Dancing Crane'

NIEDRIGE UND KRIECHENDE PFLANZEN

Man kann sie als flache Bodendecker einsetzen, als Randbewuchs oder zwischen höheren Pflanzen, weil sie es vertragen, zeitweilig überwachsen zu sein, sie kommen zeitweise auch mit Trockenheit sowie Konkurrenz, Schatten und Sonneneinstrahlung zurecht.

✦ *ACAENA MICROPHYLLA*: BRAUNBLÄTTRIGES STACHELNÜSSCHEN

NEUSEELAND

Teppichbildende Halbschattenpflanze, die sich durch Stolone ähnlich wie eine Erdbeere ausbreitet. Ausgezeichnet als halbimmergrüner Bodendecker in Sonne oder lichtem Schatten, als Randbepflanzung oder unter Sträuchern und großen Stauden, solange die Pflanzen nicht von ihren Nachbarn zugedeckt werden. Die Blüte im Juni und Juli ist unscheinbar, doch als Früchte bilden sich lustige kleine, braunrote, nicht stechende „Igelchen“. H × B: 5 × 50 cm.

Empfehlenswerte Sorten:

- 'Kupferteppich': das Laub in einem purpur-bronzefarbenen Ton, später gräulich.
- 'Blue Haze': ähnlich, das Blatt jedoch blaugrau.
- ***A. novae-zelandiae***: mit geteilten Blättern, die Blättchen rundlicher. Verträgt den Schatten gut.

Acaena novea-zelandiae

Acaena microphylla 'Blue Haze'

Gegenüber: *Acaena* 'Kupferteppich', zwischen Steinen einer japanischen Anlage.

Campanula portenschlagiana

Campanula poscharskyana

Euphorbia cyparissias 'Fen's Ruby'

✦ *CAMPANULA PORTENSCHLAGIANA* (= *C. MURALIS*): DALMATINER GLOCKENBLUME

SÜDÖSTLICHES EUROPA

Diese gut bekannte, bodendeckende Glockenblume ziert seit Jahrzehnten die Kanten von Rabatten und Steingärten. Von Mai bis September lassen die unzähligen violetten Blütenglocken (lat. *campanula* = Glöckchen) die Polster der halbimmergrünen, runden, kleinen Blätter quasi verschwinden. Breitet sich rasch aus, bevorzugt aber nährstoffreiche Böden. H × B: 15 × 30 cm.

Weitere empfehlenswerte Art:

- ***C. poscharskyana***, Hängepolster-Glockenblume: etwas größer als die vorgenannte, die Blüten sind tiefer eingeschnitten, fliederfarben und innen heller. Verträgt den Standort unter Bäumen und Sträuchern. H × B: 20 × 50 cm.

✦ *EUPHORBIA CYPARISSIAS*: ZYPRESSEN-WOLFSMILCH

EUROPA

Niedrige, teppichbildende Wolfsmilch mit feinem, bläulich grünem Blatt, die stark wuchert. Von Juni bis August ein Schleier leichter Blüten in grellem Grün, die sich später orange färben. Ideal unter Sträuchern oder an Böschungen. Im Herbst färbt sich das Laub in wunderschönem Goldschimmer. Wie bei allen Euphorbien ist zu beachten, dass der Pflanzensaft Reizungen verursachen kann. H × B: 30 × 60 cm.

- Bei 'Fen's Ruby' sind die jungen Triebe purpurrot.

✦ *TEUCRIUM CHAMAEDRYS*: EDEL-GAMANDER

EUROPA

Heimische Teppichstaude mit verholzender Basis. Kleine, dunkelgrüne Blätter, glänzend und ledrig, gekerbt. Lange Blühperiode von Mai bis September. Breitet sich langsam durch Wurzelausläufer aus. Fühlt sich auf lichten Flächen mit steinigem Kalkboden wohl. Liebt aber auch volle Sonne. H × B: 20 × 30 cm.

WEITERE NIEDRIGE PFLANZEN

✦ *COTULA HISPIDA*: LAUGENBLUME

SÜDAFRIKA

Sehr niedriger Bodendecker mit winzigen, silbrigen Blättern und moosähnlichem Aussehen. Von Juni bis August gelbe Blütenbälle. Die Pflanze liebt zwar die volle Sonne, eignet sich aber auch sehr gut für den lichten Halbschatten unter Sträuchern auf eher kargen, steinigen Böden oder die Topfkultur. Im kalten Klima geschützt aufstellen, scheut winterliche Nässe. H × B: 10 × 40 cm. W: –10 °C.

✦ *GERANIUM RENARDII*: KAUKASUS-STORCHSCHNABEL

KAUKASUS

Schöne Art mit halbimmergrünen, flaumig behaarten, waffelförmig strukturierten Blättern sowie violett gestreiften Blüten (Mai–Juni). Guter Bodendecker, der den Standort unter Bäumen ebenso wie das städtische Grün verträgt. H × B: 30 × 40 cm.

Empfehlenswerte Sorten und Arten:

- 'Stéphanie': blasse, malvenfarbene Blüten.
- 'Philippe Vapelle', ein etwas dunklerer Malventon.
- ***G. cinereum***: eine teppichbildende Art (15 cm) mit rosafarbenen Blüten, das Auge schwarz, gut geeignet für Steingärten im Halbschatten.

Geranium renardii 'Philippe Vapelle'

Geranium cinereum 'Purple Pillow'

Geranium renardii 'Stéphanie'

Heuchera 'Guacamole'

Heuchera und *Brunnera* in einer gemischten Rabatte.

✦ *HEUCHERA:* PURPURGLÖCKCHEN

GARTENFORM

Ein Bodendecker in schier unzähligen Sorten. Halbimmergrünes Laub, mehr oder weniger gewellt und in vielen attraktiven Blattfarben verfügbar. Luftige, weiße, rosafarbene oder rote Blütenstände von Mai bis Juni, teilweise erneute Blüte im Herbst. Nicht alle Sorten sind ausdauernd, man kann Purpurglöckchen aber durch Stecklinge vermehren. H × B: 30 × 60 cm.

Empfehlenswerte Sorten:

(Im Allgemeinen gilt für die Sorten, dass sie umso mehr Sonne vertragen, je dunkler ihr Laub gefärbt ist.)

- Goldgelbes Laub: 'Citronelle', 'Guacamole', 'Lime Marmalade'.
- Grünes Laub: 'Coral Forest', 'Leuchtkäfer' (beide blühen rot).
- Kupfer-orangefarbenes Laub: 'Caramel', 'Peach Flambé', 'Pinot Gris' (färbt sich in verschiedenen Schattierungen).
- Rotes Laub: 'Magma', 'Berry Smoothie' (eher rosarot), 'Cassis' (dunkelrot mit rosafarbenen Blüten).
- Purpurviolettes Laub: 'Palace Purple', 'Black Pearl', 'Dark Secret'.
- Silbriges Laub: 'Sugar Plum', 'Silver Scrolls'.
- Riesenzüchtungen (60 cm beim Blatt, 1 m und mehr in der Blüte): 'Bronze Beauty' (kupferbronzefarben), 'XXL' (purpurn).

Heuchera 'Caramel'

Heuchera 'Pinot Gris'

Heuchera 'Cassis'

Heuchera 'Sugar Plum'

Heuchera 'Dark Secret'

Heuchera 'Bronze Beauty'

Hypericum calycinum

ENTDECKUNG

Wulfenia × schwartzii: Kuhtritt ist eine unbekannte immergrüne Staude mit dicken, glänzenden, gekerbten Blättern. Im April und Mai lange Blütenstängel mit blauen Blüten. Gedeiht in geringer Entfernung von Bäumen, entwickelt sich aber besser bei weniger Konkurrenz, wie schattigen Steingärten. Nährstoffreicher Boden. Leicht zu teilen und zu vermehren, um daraus eine Kantenbepflanzung zu machen. H × B: 15 × 30 cm.

✦ *HYPERICUM CALYCINUM*: GROSSBLÜTIGES JOHANNISKRAUT

EUROPA

Niedriger Busch mit langen, dunkelgrünen, ledrigen Blättern, immergrün. Von Juni bis September zahlreiche große, gelbe Blüten mit langen Staubgefäßen. Sehr wirkungsvoller Bodendecker, der sich durch Wurzelausläufer vermehrt, man sollte eine geeignete Stelle für seine Ausbreitung vorsehen. Ideal für schwierige Standorte. H × B: 40 × 100 cm.

✦ *MATRICARIA TCHIHATCHEWII*: KAMILLE

OSTEUROPA, VORDERER ORIENT

Schöne bodendeckende Staude, niedrig und dichtwüchsig, mit feinen, immergrünen Blättern. Von Mai bis Juli Korbblüten wie bei Echter Kamille (*Matricaria chamomilla*). Breitet sich rasch aus und eignet sich auf kleinen Flächen als Alternative zum Rasen. Verträgt gelegentliches Betreten. Die Pflanze liebt steinige, kalkhaltige Böden. H × B: 10 × 50 cm. W: –12 °C.

✦ BODENDECKENDE EHRENPREIS-ARTEN

Die Vertreter der Gattung *Veronica* sehen sehr unterschiedlich aus. Die niedrigen teppichbildenden Arten werden oft von imposanteren Nachbarn überwuchert, aber bei Steingärten, Mäuerchen, Beetkanten oder zwischen Pflanzen von moderatem Wuchs bilden sie eine wunderschöne Bedeckung des Bodens. H × B: 10 × 30 cm.

- ***V. prostrata*** 'Georgia Blue': wunderschönes dunkelgrünes Blatt, die jungen Blatttriebe kupferpurpurn. Feine, am Boden niederliegende Stängel mit zahllosen dunkelblauen Blüten (März bis Mai). Verträgt mehr Schatten als die beiden folgenden Arten, ideal unter Sträuchern, Boden nicht zu karg.
- ***V. liwanensis***: sehr niedrige immergrüne Art mit winzigen, runden Blättchen, glänzend grün, im Sonnenlicht purpurn überlaufen. Von Mai bis Juni hellblaue Blüten, gelegentlich erneute Blüte im September. Alternative zu Rasen auf kleiner Fläche.
- ***V. armena***: feines, graublaues Laub, halbimmergrün; zusammen mit den üppigen, leuchtend blauen Blüten von April bis Juni sehr attraktiv. Bildet ein kleines, bodendeckendes Kissen, eher kalkhaltige, karge, steinige Böden.

Veronica prostrata 'Georgia Blue'

Veronica liwanensis

Veronica armena

ZEITWEISE TROCKENHEITSVERTRÄGLICH

- *Ajuga reptans*: Kriechender Günsel
- *Alchemilla mollis*: Weicher Frauenmantel
- *Bergenia*: Bergenie
- *Convallaria majalis*: Maiglöckchen
- *Glechoma hederacea*: Gewöhnlicher Gundermann
- *Lonicera crassifolia*: Kriechende Heckenkirsche
- *Phlox divaricata*: Blauer Phlox
- *Phuopsis stylosa*: Baldriangesicht
- *Saponaria ocymoides*: Kleines Seifenkraut
- *Scutellaria scordiifolia*: Helmkraut
- *Symphytum grandiflorum*: Großblumiger Beinwell
- *Viola odorata*: März-Veilchen, Wohlriechendes Veilchen

KURZLEBIGE STAUDEN

Im Allgemeinen sind diese Stauden während der ersten Saison sehr schön, sofern man sie früh gepflanzt hat, oder auch während des zweiten Jahres, danach werden sie schwächer und zeigen geringere Vitalität. Ihren Fortbestand sichern sie durch Sämlinge. Diese muss man erkennen können, um sie nicht beim Jäten auszureißen.

✦ *SILENE CORONARIA*: KRONEN-LICHTNELKE

SÜDLICHES EUROPA

Diese Pflanze bildet eine silbrige, zottig graufilzig behaarte Blattrosette aus, über die von Mai bis Juli zahlreiche behaarte Stängel mit purpurnen Blüten aufragen. Zufrieden mit jeglichem gut durchlässigen Boden, auch unter Birken oder Kiefern. Kurzlebig, sät sich jedoch leicht aus. Es gibt eine weiße Züchtung 'Alba' und weiße Sorten mit rosafarbenem Auge ('Occulata' oder 'Angel's Blush'). Gefüllte Sorten sind weniger ausdauernd, da sie sich kaum aussäen. H × B: 70 × 45 cm.

✦ *PRUNELLA GRANDIFLORA*: GROSSBLÜTIGE BRAUNELLE

EUROPA

Immergrüne Staude mit ovalen, dunkelgrünen Blättern. Die Hybride *P.* × *webbiana* sieht ähnlich aus und wird oft zur Art gezählt. Von Juni bis September trägt die Pflanze zylindrische, blauviolette Blütentrauben (Auslesen wie 'Rosea' sind rosa, 'Alba' ist weiß.) Breitet sich durch Rhizome aus und sät sich leicht aus. Sehr schön als Beeteinfassung. H × B: 25 × 40 cm.

✦ *PRIMULA VERIS*: ECHTE ODER WIESENSCHLÜSSELBLUME

EUROPA

Symbol für den Frühling, ziert diese Pflanze Böschungen und Waldlichtungen mit gelben Blüten, die im April–Mai an langen Blütenstängeln wachsen. Manchmal blühen sie mehrfach. Rosetten mit stark geaderten Blättern. Bei günstigem Standort breitet sich die Schlüsselblume auch im Zierrasen aus. H × B: 15 × 20 cm.

Gegenüber: *Primula veris* in verschiedenen Farben.

Prunella grandiflora

Silene coronaria

Primula veris

Primula elatior

Primula vulgaris

Weitere empfehlenswerte Arten:

- ***P. elatior***, Hohe Schlüsselblume: ist ähnlich, doch die Blüten sind blasser, längere Röhren der Blüte.
- ***P. vulgaris***, Stängellose Schlüsselblume: große Blüten, die kaum die Blattrosette überragen. Kreuzt sich leicht mit *P. veris* (= *P.* × *polyantha*).

✦ *DIGITALIS*: FINGERHUT

Anders als der in unseren Gärten sehr verbreitete zweijährige, purpurne Fingerhut sind die hier aufgeführten Arten alle Stauden mit Blütezeit zwischen Mai und August. Sie schätzen guten Gartenboden, sind aber auch mit steinigeren, ärmeren Böden zufrieden.

Empfehlenswerte Arten und Sorten:

- ***D. lutea***: hat zahlreiche kleine, gelbe Büten. Lanzettliches, stark geadertes Blatt, halbimmergrün. Liebt Kalkböden, erweist sich aber als sehr anpassungsfähig. Bei sehr nährstoffreichen Böden sollte man die Pflanzen sonnig platzieren, weil sonst die dann sehr langen Stängel krumm werden. H × B: 60 × 40 cm.
- ***D. grandiflora***: gleicht der vorgenannten Art, hat größere, zahlenmäßig jedoch weniger Blüten; sieht ein wenig wie *D. purpurea* aus, nur gelb blühend.
- ***D. laevigata***: eine sehr schöne unbekannte Art, leicht zu kultivieren, die kupferrot schimmernden, gelben Blüten sind kugelig und haben eine weiße Lippe. Wunderbar für Halbschatten wie für volle Sonne. Erneute Blüte im September. Laub halbimmergrün. H × B: 50 × 30 cm.
- ***D. obscura***: buschige Art mit einem quasi verholzten Stock, die Triebe sind purpurn überlaufen, die Blätter dunkelgrün. Die Blüten sind ähnlich klein wie bei *D. lutea*, allerdings ungewöhnlich orangelachsfarben gefärbt. Die Hybridsorte *D.* × 'Goldcrest' entstand aus der Kreuzung mit *D. grandiflora*. Sie hat blassere, größere und weiter geöffnete Blüten. H × B: 50 × 60 cm.
- ***D. ferruginea***: ein großer Fingerhut, der zweijährig oder als kurzlebige Staude gedeiht. Der Fortbestand wird durch Sämlinge gesichert. Der aufrechte Blütenstand trägt Dutzende rundlicher Blüten in Gelb mit brauner Musterung. H: 1,5–1,8 m.

Digitalis lutea

Digitalis grandiflora

Digitalis 'Goldcrest' (= 'Waldigone')

Digitalis laevigata

Digitalis ferruginea 'Gelber Herold'. Im Ausschnitt das Blatt.

Euphorbia amygdaloides
Euphorbia dulcis 'Chameleon'

Euphorbia characias 'Black Pearl'
Euphorbia × martinii 'Ascott Rainbow'

✦ EUPHORBIEN: WOLFSMILCHARTEN

Hier sind die mittelgroßen Arten mit eher büscheligem Wuchs aufgeführt. Wie bei allen Wolfsmilchgewächsen tritt bei Verletzung der Pflanze eine weißliche Milch aus, die Reizungen verursachen kann; nach Möglichkeit nur mit Handschuhen berühren.

- ***Euphorbia amygdaloides***: trägt von April bis Juni stechend gelbgrüne Blütenstände an rauen Stängeln mit immergrünem, lanzettlichem Laub, dunkelgrün. Eher lehmig-kalkhaltige Böden. H × B: 60 × 40 cm.
- ***Euphorbia characias***: blüht von März bis Juni mit zylindrischen, stechend gelbgrünen Blütenständen, die einen Abschnitt über dem blaugrünen Blatt bilden; immergrün. Eher kalkhaltige Böden. Sät sich gelegentlich aus. H × B: 1 × 1 m.
  - *E. characias* 'Black Pearl': ihre Blüten sind mittig schwarz.
  - *E. characias* subsp. *wulfenii*: eine besonders wüchsige Unterart (1,5 m in Höhe und Breite) mit sehr großen, dichten Blütenständen.
- ***Euphorbia* × *martinii*** (*E. amygdaloides* × *E. characias*): ist manchmal schlecht von der kleinen *E. characias* zu unterscheiden, ihr Farbton tendiert aber stärker zu Kupfer.
  - 'Ascot Rainbow': kupferfarben, gelb panaschiert.
  - 'Canyon Gold': purpurnes Rot mit goldgelben Blütenständen.
- ***E. dulcis*** 'Chameleon': schimmerndes, kupferpurpurnes Blatt, das je nach Saison wunderbare Lichteffekte zeigt. Von Mai bis Juli purpurne Blütenstände mit Nuancen von Gelborange. Vollständig sommergrün, treibt aber schon früh aus (Spätwinter). H × B: 50 × 50 cm.

✦ *MATHIASELLA BUPLEUROIDES*

MEXIKO

Eine etwas atypische Verwandte von Fenchel und Kerbel mit buschigem Wuchs. Im Mai und Juni grüne Blütenstände, die sich langsam altrosa verfärben. Der Stock verholzt und bildet Schösslinge aus, die man leicht zur Vermehrung nutzen kann. Verträgt keinen späten oder länger andauernden Frost, daher an geschütztem Standort platzieren. Das halbimmergrüne Laub färbt sich im Herbst schön orangerot. H × B: 80 × 60 cm. W: –12 °C.

Euphorbia × *martinii* 'Canyon Gold'

Mathiasella bupleuroides

Mathiasella bupleuroides in Herbstfärbung.

Pulmonaria (Sämlinge)

Pulmonaria 'Diana Clare'

✦ *PULMONARIA*: LUNGENKRAUT

EUROPA

Immergrünes, längliches Blatt, silbrig marmoriert. Bei den meisten Wildformen verändern die Blüten während der Blühperiode zwischen Februar und April die Farbe von Pink zu Blau. Guter Bodendecker, der dem Garten schon früh Farbe verleiht. H × B: 30 × 60 cm. Blätter sind bei Trockenheit anfällig für Mehltau, erholen sich aber im Herbst. Im Handel findet man am häufigsten die Züchtungen für den Gartenbau, die nur mit der Sortenbezeichnung geführt werden.

Empfehlenswerte Sorten:

- 'Blue Ensign': einfarbig dunkelgrünes Blatt und königsblaue Blüten.
- 'Diana Clare': fast vollständig silbriges Blatt.
- 'Raspberry Splash': durchgängig himbeerrote Blüten.
- 'Opal': blassblaue Blüten.

✦ *SILENE VULGARIS*: TAUBENKROPF-LEIMKRAUT

EUROPA

Heimische Staude, die auf Böschungen und in Wiesen mit leicht kalkhaltigen Gründen gedeiht. Immergrüne Blattrosette mit lang aufragenden Stängeln, auf denen von April bis August weiße Blüten mit seltsam ballonförmigen Kelchen sitzen, diese sind beige mit purpurner Aderung. Wunderbar für naturnahe Gärten. Sät sich bei geeignetem Standort aus. H × B: 60 × 45 cm.

Weitere empfehlenswerte Art:

- ***S. nutans***: nickende, kleinere Blüten, wächst auf neutralen bis sauren Böden.

ZEITWEISE TROCKENHEITS-VERTRÄGLICH

- *Calamintha nepeta*: Bergminze
- *Corydalis cheilanthifolia*: Lerchensporn
- *Lamium orvala*: Großblütige Taubnessel
- *Lathyrus vernus*: Frühlings-Platterbse
- *Campanula persicifolia*: Pfirsichblättrige Glockenblume

Pulmonaria 'Raspberry Splash'

Silene nutans

Pulmonaria 'Opal'

Silene vulgaris

LANGLEBIGE STAUDEN

Diese Stauden wachsen lange am selben Platz, daher sollte man sie wohlüberlegt pflanzen und ihnen 1–2 Jahre Zeit geben, sich gut einzuleben. Dann sind sie fast unzerstörbar.

✦ *ACANTHUS MOLLIS*: PRACHT-AKANTHUS

SÜDEUROPA

Majestätische Staude mit fiederspaltigem Blatt und kräftigen, ährigen Blütenständen, die aus weißen Lippenblüten mit stacheligen, purpurnen Brakteen bestehen, Blüte von Juni bis August. Im Allgemeinen ausdauernd, verschwindet aber oft bei extremer Hitze oder großer Kälte. H × B: 1,5 × 1 m.

- Die Sorte 'Whitewater' besitzt weiß marmorierte Blätter und Blüten.

Weitere empfehlenswerte Arten:

- ***A. hungaricus***: mit ca. 80 cm nicht ganz so hoch, die Blätter noch tiefer eingeschnitten.
- ***A. spinosus***: stacheliges Laub.

✦ *AGAPANTHUS*: SCHMUCKLILIEN

SÜDAFRIKA

Blauviolette oder weiße Blüten, die sich zwischen Juni und September als attraktive Kugeln an den Spitzen langer Stängel präsentieren. *Agapanthus* braucht einen geschützten Standort oder Winterschutz. H × B: 40–120 × 30–100 cm. W: –7 °C/–12 °C (die meisten immergrünen Sorten verschwinden bei Temperaturen unter –7 °C, die sommergrünen Sorten überstehen kurzen Frost bis –12 °C bei sehr gut entwässernden Böden).

Hohe immergrüne Sorten (70–100 cm und mehr):

- Blauviolett: 'Black Pantha' (lila, sehr hoch), 'Blue Triumphator' (blauviolett), 'Rosewarne' (malvenblau).
- Weiß: *A. umbellatus* 'Albus', QUEEN MUM® (untere Blüten fliederfarben, darüber weiß).

Gegenüber: Schmucklilien in verschiedenen Farben.

Acanthus mollis

Agapanthus 'Silver Moon', Schmucklilie mit panaschiertem Blatt.

Phlomis russeliana

Phlomis tuberosa

Asclepias syriaca

Asclepias tuberosa subsp. *interior*

Hohe sommergrüne Sorten:

- Blau: GRAPHITE® BLUE (blau, dunkle Stängel), 'Purple Cloud' (violett), 'Donau' (malvenblau).
- Weiß: 'Polar Ice', 'Arctic Star', GRAPHITE™ WHITE.

Immergrüne Zwergsorten:

- BRILLIANT BLUE™ (blauviolett), 'Lapis Lazuli' (malvenblau), PITCHOUNE® WHITE (weiß), 'Enigma' (weiß).

Sommergrüne Zwergsorten:

- 'Petite Bleue' (blassblau), 'Tom Thumb' (blauviolett).

✦ *PHLOMIS RUSSELIANA*: BRANDKRAUT

NAHER OSTEN

Halbimmergrüne Staude, die ein kräftiges Büschel bildet, mit großen, dreieckigen, runzelig-weichen Blättern. Steife Blütenstängel mit quirlig angeordneten Blüten an den Stängelsegmenten, Juni und Juli. Sie sehen auch getrocknet im Herbst noch attraktiv aus. Liebt Kalkboden. Vermehrt sich leicht, lässt sich aber einfach im Zaum halten. H × B: 100 × 60 cm.

Weitere empfehlenswerte Art:

- ***P. tuberosa***: malvenfarbene Blüten, sieht durch das feinere Blattwerk an purpurnen Trieben nicht so massig aus.

✦ *ASCLEPIAS TUBEROSA* SUBSP. *INTERIOR*: KNOLLIGE SEIDENPFLANZE

NORDAMERIKA

Exotisch aussehende, immer- bis sommergrüne Staude aus den Trockensteppen der südlichen USA. Von Juli bis September große, orangefarbene Blütenstände, sehr nektarreich. Interessante rötlich grüne Früchte, länglich, darin zahlreiche seidige Samen. Bei Verletzung tritt eine Milch aus, die Reizungen verursacht. Daher den direkten Hautkontakt vermeiden. Die Unterart *interior* hat eine größere Kältetoleranz, weshalb man sie oft in Kultur findet. H × B: 80 × 60 cm.

Weitere empfehlenswerte Art:

- ***A. syriaca***: blüht rosa, vermehrt sich wuchernd und ist höher (1,3 m). Sie ist die Wirtspflanze des berühmten Monarchfalters.

✦ *ASTER*: ASTERN

Eine Gattung der Korbblütler, die aufgrund ihrer späten Blütezeit geschätzt wird. Die anspruchsvollen, für den Gartenbau gekreuzten Sorten brauchen nährstoffreichen, immer frischen Boden, doch einige Arten sind sehr anpassungsfähig, vor allem im Halbschatten.

- ***A. ageratoides*** 'Ezo Murasaki': von Oktober bis Dezember Korbblüten mit violetten Zungenblüten und goldgelben Röhrenblüten. Gezähntes Blatt, unempfindlich gegen Mehltau. Der Stock breitet sich langsam durch Wurzelausläufer aus. 'Arsan' blüht in blassem Malventon ab Ende August und vermehrt sich rascher. H × B: 70 × 60 cm.
- ***A. ericoides***, Myrten-Aster: besitzt feine nadelförmige Blätter und bildet einen dichten Busch. Üppige Blüte von August bis Oktober, Korbblüten mit weißen Zungenblüten und gelben Röhrenblüten. H × B: 80 × 50 cm. *A. e. prostratus* 'Snowflurry' wächst niedrig und wie ein Teppich, auch überhängend. Sehr geeignet als Bodendecker an trockenen Böschungen oder auf Mäuerchen.
- ***A. linosyris***, Goldhaar-Aster: mit ihren goldgelben Blütenköpfen eine atypische Aster, Blüte im August und September, feines, blaugrünliches Laub. Liebt heiße, eher kalkhaltige und steinige Böden. H × B: 60 × 40 cm.

Aster ageratoides 'Ezo Murasaki'

Aster ageratoides 'Asran'

Aster linosyris

Aster ericoides

Geranium 'Gerwat' ROZANNE

Geranium 'Orion'

Geranium × riversleianum

G. macrorrhizum 'Spessart'

G. macrorrhizum 'Bevan's Variety'

✦ *GERANIUM*: STORCHSCHNABEL

Wuchskräftig, robust, blütenreich und einfach im Anbau, sind die Storchschnabel-Arten die unangefochtenen Stars der heutigen Gärten. Manche bilden dichte Horste, andere vermehren sich durch Rhizome, wieder andere sind immergrün. Diese Eigenschaften kann man je nach Standort gezielt einsetzen. Der Boden darf aber im Winter nicht zu nass sein.

Horstbildende Arten mit ausladenden Trieben:

- ***G.* 'Gerwat' ROZANNE** hat große, blaumalvenfarbene Blüten mit weißem Auge, die Blütezeit dauert von Mai bis November an. Ein Stock breitet sich kaum aus, aber die niederliegenden Stängel können leicht einen Quadratmeter Fläche einnehmen (und in die benachbarten Pflanzen hängen). Sommergrün. H × B: 50 × 80 cm. 'Azure Rush' ist sehr ähnlich, mit 20 cm Höhe aber niedriger.
- ***G.* 'Orion'** ist ein Büschel von Trieben, vermischt mit vielen blauvioletten Blüten, die sich in die umstehenden Pflanzen ausbreiten. Kann im August zurückgeschnitten werden, um eine zweite Blüte im Spätsommer anzutreiben. H × B: 60 × 100 cm.
- ***G.* × *riversleianum*** ist ein halbimmergrüner Bodendecker mit schönem, flaumigem Blatt in Silbergrün. Kleine, aber üppige Blüten von Juni bis Oktober, bei der Sorte 'Russel Pritchard' sind sie magentafarben, bei 'Mavis Simpson' hellrosa. Zu kalte Standorte meiden. H × B: 20 × 60 cm.

Durch Rhizome wuchernde Arten:

- ***G. macrorrhizum***: ein sehr wüchsiger Bodendecker, der dank seiner kräftigen, fleischigen Rhizome mehrere Quadratmeter Fläche in wenigen Jahren erobert. Lässt sich aber einfach ausreißen, wenn man der Pflanze Grenzen setzen möchte. Behaartes, knitteriges Blatt, das intensiv duftet; halbimmergrün. Perfekt zum Füllen von Flächen im Unterholz oder an Böschungen. Blüht von Mai bis Juli. 'Spessart' blüht weiß, 'Bevan's Variety' dunkelrosa. H × B: 30 × 100 cm und mehr.
- ***G.* × *cantabrigense*** ist eine Hybride aus der vorgenannten Art und *G. dalmaticum*. Nur 15–20 cm hoch, wuchert weniger. Ideal für Steingärten. 'Biokovo' blüht blassrosa, 'Karmina' dunkelrosa.

Horstbildende, sich durch Rhizome langsam ausbreitende Arten:

- ***G. sanguineum***: ein dichtes Büschel kleiner, geteilter, fester Blätter, halbimmergrün; breitet sich langsam durch Rhizome aus. Von Mai bis September große, dunkelrosafarbene Blüten (bei 'Album' weiß, bei 'Striatum' hellrosa mit dunkelrosafarbenen Streifen; 'Vision' wächst kompakt mit großen Blüten).
- ***G. himalayense***: bildet Kissen runder, stark geaderter Blätter, blüht von Mai bis September mit großen, malvenblauen Blüten, die purpurn geadert sind. 'Gravetye' wächst kompakt und sehr kräftig; 'Plenum' mit sterilen, gefüllten Blüten, lange Blütezeit; 'Derrick Coo' ist weiß. H × B: 40 × 60 cm.
- ***G. × monacense***: hat kleine, dunkelviolette Blüten mit gekrümmten Blütenblättern, April bis Juni. Attraktive Herbstfärbung. 'Séricourt' mit goldfarben getöntem Laub im Frühling, sehr schöner Kontrast zur Blütenfarbe. H × B: 40 × 30 cm.
- ***G.*** 'Bremdream' DREAMLAND bildet ein kompaktes, kräftiges Kissen silbrigen, behaarten Laubs, das kein Unkraut auflaufen lässt. Sehr lange andauernde Blüte von Mai bis September, blassrosa. Zeigt in dieser Kategorie zusammen mit *G. sanguineum* die größte Trockenheitstoleranz. H × B: 30 × 60 cm.

Geranium × cantabrigiense 'Biokovo'

Geranium × cantabrigiense 'Karmina'

G. sanguineum

Geranium × monacense

G. 'Bremdream' DREAMLAND

Geranium himalayense

Geranium pyrenaicum 'Summer Snow'

Geranium endressii

Geranium robertianum

Überwiegend Vermehrung durch Sämlinge:

- ***Geranium pyrenaicum***: ein kleiner, kurzlebiger Storchschnabel, der sich im Garten hier und dort aussät. Von Mai bis September wachsen die Blüten endständig an zarten Stängeln und wirken wie ein lichter Schleier. Die Blätter sind rund, flaumig und weich, rot überlaufen. Die Blüten der Wildform sind rosa, die Sorte 'Summer Snow' ist weiß. H × B: 60 × 30 cm.
- ***Geranium endressii***: bildet Kissen gelappter, intensiv grüner Blätter, von Mai bis September schöne rosafarbene Blüten. Ausgezeichneter Bodendecker unter Sträuchern oder in Steingärten, sofern der Boden ausreichend tief ist. H × B: 40 × 60 cm.
- ***Geranium robertianum***: gedeiht als Annuelle oder zweijährig, bildet dank der kriechenden, rötlich grünen Triebe schnell eine große Masse, die auch in die Nachbarpflanzen wächst. Fiederteiliges Blatt, ungefüllte rosafarbene Blüten von Mai bis Juli und erneut im September. Ideal als schneller Bodendecker in einem neu angelegten Beet. Verträgt Schatten unter Sträuchern oder sonnige Stellen, wobei sich dort die Farben intensivieren. H × B: 30 × 50 cm.

✦ *HELLEBORUS × HYBRIDUS*: CHRISTROSEN

Es sind unterschiedlichste Sorten im Handel – teilweise schon von Februar bis April in Blüte, das Farbspektrum von Grün bis Purpur über verschiedene Töne von Aprikosengelb und auch Weiß, zudem farbig gerändert, mit zipfeligen, gefüllten oder anemonenähnlichen Blüten (petalenförmige Staubgefäße). Man sollte daher blühende Pflanzen auswählen, um Überraschungen zu vermeiden! Die Pflanzen vermehren sich leicht durch Samen, ihre Nachkommen gleichen aber nur selten den Eltern. Große, immergrüne, feste Blätter, „fußförmig" zusammengesetzt und die Ränder gezähnt. Man kann sie im Januar abschneiden, um die Blüten besser zur Geltung zu bringen. Bei einigen verholzenden Sorten färbt sich das Laub mit dem Frost goldfarben. Nicht zu saurer Boden. Gute Trockenheitstoleranz im Sommer wegen der Vegetationsruhe. Im September hingegen benötigen die Pflanzen unbedingt Wasser, da dann die Blüten angelegt werden. H × B: 50 × 60 cm.

Helleborus × *hybridus*, gelb

Helleborus × *hybridus*, purpurn, mit *Corydalis cheilanthifolia*.

Helleborus × *hybridus*, rosarot

Helleborus × *hybridus* mit goldfarbenem Laub im Herbst/Winter.

Sedum spectabile

Sedum 'Sunkissed' (mit *Helianthemum* 'Fire Dragon')

✦ *SEDUM*: FETTHENNE, MAUERPFEFFER

Die nachfolgend beschriebenen *Sedum*-Vertreter wachsen hoch auf und vertragen leichten Schatten besser als die teppichbildenden Arten.

- ***S. spectabile***: bildet einen dichten Horst mit starren Stängeln, die Blätter sind sukkulent (und essbar). Blüte von August bis November, bleibt bis spät in der Saison ein schöner Anblick. *Sedum telephium* (Purpur-Fetthenne) ist ähnlich, allerdings im Allgemeinen nicht so dicht und die Blattränder sind stärker gezähnt. H × B: 50 × 30 cm.

Empfehlenswerte Sorten (zumeist Hybriden aus zwei Arten):

- 'Herbstfreude': eine wüchsige Sorte mit rosafarbenen Blüten, lang blühend.
- 'Matrona': purpurnes Laub, rosafarbene Blüten.
- 'Postman's Pride': purpurnes Laub, rote Blüten.
- 'Sunkissed': gedrungener Wuchs, cremeweiße Blüten.

- ***S. takesimense***: aufrechte Stängel mit immergrünen, rautenförmigen, gezähnten Blättern, apfelgrün. Üppige gelbe Blüte mit intensivem Duft, Juni bis August. Bei Schnitt im September kann die Pflanze erneut blühen. Sehr guter Bodendecker für Zierbeete. H × B: 35 × 50 cm.
- ***S. aizoon***, Deckblatt-Fetthenne: vergleichbar, wirft aber das Laub ab. Blätter dunkler grün, die Stängel purpurrot, besonders bei 'Euphorbioides'.

ZEITWEISE TROCKENHEITS-VERTRÄGLICH

- *Buphthalmum salicifolium*: Rindsauge, Weidenblättriges Ochsenauge
- *Gillenia trifoliata*: Nördliche Dreiblattspiere
- *Iris sibirica*: Wiesen-Schwertlilie
- *Myrrhis odorata*: Süßdolde
- *Penstemon digitalis*: Fingerhut-Bartfaden
- *Pycnanthemum muticum*: Scheinbergminze
- *Scutellaria incana*: Blaues Herbst-Helmkraut
- *Stachys officinalis*: Echter Ziest, Heil-Ziest
- *Symphytum × uplandicum*: Futter-Beinwell

Sedum takesimense

Sedum 'Postman's Pride'

Sedum 'Matrona'

Sedum 'Herbstfreude'

FARNE

Farne sind bekannt dafür, dass sie die Kühle und Feuchte lieben, sie können sich aber auch an zeitweilig sehr trockene Standorte anpassen. Die folgenden Arten eignen sich besonders gut, weil sie Trockenheit und Sonne vertragen.

✦ *ASPLENIUM CETERACH*: SCHRIFTFARN

SÜDEUROPA

Ein kleiner Farn, den man oft auf alten Steinmauern im südlichen Frankreich antrifft. Er wächst aber auch in der Erde. Die hübschen Wedel mit rundlich gelappten Rändern sind oberseits dunkelgrün und unterseits braun. Sie rollen sich bei Trockenheit zusammen, gehen aber wieder auf, sobald erneut Wasser verfügbar ist. Für kalkhaltige, nicht zu substratarme Böden. H × B: 15 × 20 cm.

✦ *CHEILANTHES LANOSA*: LIPPENFARN, SCHUPPENFARN

NORDAMERIKA

Dieser atypische Farn gedeiht an warmen, trockenen Plätzen, daher wird er als xerophil bezeichnet. Er genießt mit immergrünen, schön silbrigen Wedeln, die leicht pelzig sind, den Sonnenschein. Wie die vorgenannte Art kann auch dieser Farn bei fehlender Feuchtigkeit austrockenen und sich später wieder rehydrieren. Ideal für Steingärten mit tieferen Böden. H × B: 25 × 30 cm.

- Man beachte auch *C. argentea*: Er ist kleiner, mit dunkelgrünen Wedeln, die unterseits silbrig sind, sehr malerisch.

Gegenüber: *Asplenium ceterach*

Cheilanthes lanosa

Cheilanthes sp. in einem Biotop zusammen mit Sukkulenten.

Asplenium ceterach

GRÄSER

Unzählige Gräser gedeihen in der Sonne, seltener sind hingegen jene Arten, die schattigere Plätze lieben. Folgende Arten vertragen beide Standorte, solange sie kein Dach, also die Zweige von Bäumen, direkt über sich haben.

✦ *CALAMAGROSTIS × ACUTIFLORA* 'KARL FOERSTER': GARTENSANDROHR

EUROPA (*C. ARUNDINACEA* × *C. EPIGEJOS*)

Das Gartensandrohr ist eine sehr architektonische Pflanze und zugleich eine außergewöhnlich Selektion, die sich aus einer Kreuzung ergeben hat. Es trägt gerade, aufrechte Halme, die dem Wind gut widerstehen. Von Juni bis September ragen lange, braunrosafarbene Ähren über die Blätter heraus, die sich im Herbst golden färben. Es dauert 2–3 Jahre, bevor die Pflanze ihr ganzes Potenzial zeigt. Zum Ende des Winters bodennah zurückschneiden. Alle leicht feuchten bis trockenen Böden, gute Durchlässigkeit nötig. H × B: 150 × 50 cm.

✦ *CAREX GRAYI*: MORGENSTERN-SEGGE

NORDAMERIKA

Segge mit langen, gefalteten Blättern, die seltsame, wie winzige Morgensterne geformte Früchte entwickelt. Sehr dekorativ, Mai bis September. Die Früchte färben sich braun und bleiben fast den gesamten Winter an der Pflanze. Strukturpflanze im Beet. Bei geeigneten Böden vermehrt sich die Segge gut, wuchert aber nicht. Zu schwere Böden meiden H × B: 80 × 40 cm.

Calamagrostis × acutiflora 'Karl Foerster'

Carex grayi

Gegenüber: *Calamagrostis × acutiflora* 'Karl Foerster'

Sesleria autumnalis

Melica ciliata im Schatten einer *Wisteria*

✦ *DESCHAMPSIA CESPITOSA*: RASEN-SCHMIELE

EUROPA

Dieses Gras bildet im Laufe weniger Jahre einen beeindruckenden Horst feiner, bogenförmig überhängender Blätter. Von Juni bis September ragen die luftigen Blütenstände weit über das Laub auf, im Herbst färben sie sich in wunderbaren Goldtönen. Auch im Schatten schön. Mehrere Sorten, die sich nur geringfügig unterscheiden: 'Goldtau','Goldschleier', 'Bronzeschleier'. Im Spätwinter nahe über dem Boden abschneiden. H × B: 80 × 50 cm.

✦ *MELICA CILIATA*: ÖSTLICHES WIMPER-PERLGRAS

EUROPA

Lang gestrecktes, kaum gebogenes Gras, halbimmergrün, von Mai bis Juli mit zylindrischen, cremefarbenen Blütenständen. Sehr architektonisch. Sät sich leicht aus. H × B: 70 × 40 cm.

✦ *SESLERIA AUTUMNALIS*: HERBST-BLAUGRAS

BALKAN

Immergrüner Horst abstehender Blätter, im Frühling apfelgrün und mit jeder Woche intensiver goldfarben. Sehr wirkungsvoll im Herbst. Feine, nadelförmige, cremefarbene Ährenrispen, Juni bis September. Ausgezeichnet als Bodendecker, wenn man mehrere Individuen nebeneinander platziert. H × B: 40 × 50 cm.

Sesleria autumnalis

Gegenüber: *Deschampsia cespitosa*

NIEDRIGE STRÄUCHER UND HALBSTRÄUCHER

Die hier genannten kleinen, mehr oder weniger dichten und blühfreudigen Sträucher vertragen trockene Phasen besser als andere Arten, ohne dass sich die Trockenheit auf ihre Blühfreudigkeit oder Herbstfärbung auswirken würde.

✦ *HYPERICUM* 'HIDCOTE': JOHANNISKRAUT

GARTENFORM (HYBRIDE VON *H. CALYCINUM*)

Dichter, verzweigter Halbstrauch mit mattgrünen, länglichen Blättern, halbimmergrün. Sehr blühfreudig, von Juni bis September große, leuchtend gelbe Blüten. Seit einigen Jahrzehnten überall eingesetzt, ist er ein ausgezeichneter Bodendecker für undankbare Standorte. Breitet sich aber wuchernd aus. H × B: 1,5 × 1 m und mehr.

✦ *HYDRANGEA QUERCIFOLIA*: EICHENBLÄTTRIGE HORTENSIE

NORDAMERIKA

Eine atypische Hortensie mit großen, eichenähnlichen, runzeligen Blättern. Von Juni bis September Blütenstände in Form weißer, kegelförmiger Rispen. Flammende Herbstfarben. Diese Hortensie verträgt die Trockenheit am besten, scheut aber sehr kalkhaltige Böden. Schnitt nicht erforderlich. 'Snow Queen' ist eine starkwüchsige Sorte mit großen aufrechten Rispen; 'Little Honey' hat goldfarbenes Laub und muss vor der Sonne geschützt stehen. H × B: 1,5 × 2 m.

✦ *INDIGOFERA HETERANTHA*: HIMALAYA-INDIGOSTRAUCH

AFGHANISTAN, INDIEN, CHINA

Schöner, etwas sparriger Strauch mit zahlreichen Trauben rosafarbener Blüten an den Jahrestrieben, Juni bis September. Daher ist starker Rückschnitt im Frühling möglich. Liebt karge Böden und wächst sogar neben Nadelbäumen. H × B: 1,5 × 1 m.

- ***I. kirilowii*** (Kirilows Indigostrauch): ist mit 1,2 m kleiner, die Fiederblättchen sind größer und die Trauben dichter.

Gegenüber: *Hypericum* 'Hidcote'

Hydrangea quercifolia 'Snow Queen' in der Blüte.

Hydrangea quercifolia 'Little Honey'

Indigofera kirilowii

Cotoneaster dammeri

Diervilla sessilifolia 'Butterfly'

WEITERE NIEDRIGE STRÄUCHER UND HALBSTRÄUCHER

✦ *COTONEASTER DAMMERI*: TEPPICH-ZWERGMISPEL

CHINA

Gut bekannter, kriechender Strauch, stark verzweigt, mit winzigen, dunkelgrünen Blättchen an abwärts gekrümmten Zweigen, immergrün. Im Mai und Juni weiß blühend, danach rote Früchte, die bei den Vögeln beliebt sind. Breitet sich durch Absenker aus. Sehr effizienter Bodendecker für undankbare Plätze wie zum Beispiel Schotterhalden. Sehr winterhart. Angepasst an häufigen Schnitt. Die Sorte 'Skogholm' ist ein wüchsiger Klassiker. H × B: 30 × 100 cm.

Weitere empfehlenswerte Art:

- ***C. horizontalis***: höher (70 cm), laubabwerfend, die starren Zweige wie Fischgräten angeordnet. Schöne Herbstfärbung in Orangerot.

✦ *DIERVILLA SESSILIFOLIA*: STIELLOSES BUSCHGEISSBLATT

NORDAMERIKA

Eine Cousine des Geißblatts, mit sommergrünem, lanzettlichem Laub und kleinen gelben Blüten (Juni und Juli). Dichter Habitus, niedrig und ausgreifend.

Diervilla × *splendens* 'COOL SPLASH'

Diervilla × *splendens*

Jasminum fruticans

Schöne goldene Herbstfärbung. Wuchernde Wurzelausläufer. Ausgezeichneter Bodendecker, selbst an undankbaren Stellen wie im Wurzelbereich von Bäumen oder an Hängen. H × B: 100 × 80 cm.

Weitere empfehlenswerte Sorten und Arten:
- 'LPDC Podaras' COOL SPLASH hat weiß panaschiertes Laub, wächst nicht so stark, hellt aber Schattenbereiche auf, 60 × 100 cm.
- ***D.* × *splendens*** 'Diva' EL MADRIGAL TM mit purpurnem und später rotem Laub als Kontrast zu gelben Blüten.

✦ *JASMINUM FRUTICANS*: STRAUCH-JASMIN
SÜDLICHES EUROPA

Strauchförmiger Jasmin, der auf trockenen und steinigen Böschungen wächst. Die geruchlosen Blüten ähneln dem kletternden Winter-Jasmin (*J. nudiflorum*), Blütezeit Mai bis Juni. Immergrünes Laub in leuchtendem Grün, dreizählig gefiedert, ledrig und glänzend. Liebt warme, eher kalkhaltige Plätze und verträgt auch volle Sonne. H × B: 1 × 1 m.

✦ *PROSTANTHERA CUNEATA*: AUSTRALMINZE
AUSTRALIEN

In der Wildform immergrüner Halbstrauch, mit ganz kleinen, dunkelgrünen, duftenden Blättern. Von Mai bis Juli sehr zahlreiche, hübsche weiße Blüten, der Blütengrund purpurn getupft und gelb gefleckt. Braucht einen geschützten Standort wie Patio oder südseitige Mauer. H × B: 60 × 80 cm. W: –10 °C.

Prostanthera cuneata

ZEITWEISE TROCKENHEITSVERTRÄGLICH

- *Ribes uva-crispa*: Stachelbeere
- *Hypericum androsaemum*: Mannsblut
- *Lonicera nitida*: Glänzende Heckenkirsche
- *Lonicera syringantha*: Fliederblütige Heckenkirsche
- *Mahonia aquifolium*: Gewöhnliche Mahonie

KLETTERPFLANZEN

Gewöhnlich sind sie im Schatten zuhause, am Fuß von Bäumen und großen Sträuchern, von wo sie sich den Weg zur Sonne erobern. Sie gedeihen üppig, wenn man ihnen im Garten dieselben Bedingungen schafft.

✦ *AKEBIA QUINATA*: FINGERBLÄTTRIGE AKEBIE

OSTASIEN

Wüchsige, lichte Kletterpflanze, die noch relativ unbekannt ist, die hübschen apfelgrünen Blätter gefingert, halbimmergrün. Im April und Mai bilden sich Dolden hübscher, kleiner, purpurroter Blüten aus, die süßlich nach Vanille duften. Seltsam geformte Früchte, wie malvenfarbene Bohnen. Pflanze braucht eine Rankhilfe oder einen großen Baum, wo sie ihr Potenzial zeigt. Wuchert aus der Wurzel heraus. 'Cream Flowered' besitzt wunderbare cremeweiße Blüten mit violettem Auge. H × B: 6 × 2 m.

✦ *CLEMATIS VITALBA*: GEWÖHNLICHE WALDREBE

EUROPA

Im Gegensatz zu den üblichen Clematis-Hybriden ist diese heimische Art eine sehr kräftige Liane mit windenden Trieben. Man sollte darauf achten, ihr einen sinnvollen Platz wie zum Beispiel an einem alten, absterbenden Baum oder an einer ästhetisch störenden Mauer zu geben. Sie trägt von Juni bis August Hunderte kleiner, weißer Blüten. Sie sind ungefüllt, anmutig und duften leicht. Danach bilden sich dekorative, flaumige Früchte. Den Kontakt mit dem Pflanzensaft vermeiden, weil er zu Reizungen führen kann. H × B: 8 × 5 m.
Diese Art wird als Veredelungsträger für anspruchsvolle Züchtungen verwendet, wodurch diese trockenheitsverträglicher werden.

Weitere empfehlenswerte Art:

– ***C. flammula,*** Mandel-Waldrebe: ist an mediterranes Klima angepasst und nicht so wüchsig (3–4 m), ledrige Blätter.

Akebia quinata, eine Sorte mit cremefarbenen Blüten.
Im Ausschnitt eine Nahaufnahme der Frucht.

Clematis flammula

Gegenüber: *Akebia quinata*.
Im Ausschnitt eine Nahaufnahme der Blüte.

Lathyrus latifolius

Hedera helix (Früchte)

Hedera 'Glacier' als Bodendecker

✦ *LATHYRUS LATIFOLIUS*: BREITBLÄTTRIGE PLATTERBSE

EUROPA

Kräftiger Wuchs, mit biegsamen, geflügelten Trieben. Im Juli und August endständige Blütenrispen in leuchtendem Pink, Blassrosa oder Weiß, geruchlos aber sehr zahlreich. Kriecht mehr als dass sie klimmt, kann sich aber über eine Stütze oder einen Strauch ausbreiten. Bevorzugt Kalklehmböden. H × B: 2 × 2 m.

✦ *HEDERA HELIX*: GEWÖHNLICHER EFEU

EUROPA

Kräftige Liane mit immergrünen, ledrigen, leicht gelappten Blättern, an den Trieben Haftwurzeln. Die Nutzung als Kletterpflanze ist üblich, aber Efeu eignet sich auch wunderbar als Bodendecker unter Gehölzen sowie in offenen Bereichen. Alle Teile der Pflanze sind für den Menschen giftig. H: 20 cm (als Bodendecker) und Ausbreitung über etliche Meter.

Weitere empfehlenswerte Sorten und Arten:

- 'Glacier': weiß panaschiertes Laub (für schattigere Stellen).
- 'Sagittifolia': Lappen sehr spitz.
- 'Goldchild': unregelmäßige hellgrüne Panaschierung und goldgelb gerändert.
- ***H. algeriensis*** 'Gloire de Marengo': bildet sehr große, konvexe Blätter aus, cremeweiß panaschiert. Diese Art ist weniger wuchsfreudig und verträgt starken Frost nicht so gut.

✦ *SENECIO SCANDENS*

CHINA

Außergewöhnliches, weil kletterndes Greiskraut. Es belebt den Spätsommer von August bis Oktober mit zahlreichen gelben Korbblütchen. Die Pflanze braucht ein Rankgerüst oder einen großen Baum zum Erklimmen. Sollte an geschützter Stelle stehen, da die Winterhärte nicht besonders ausgeprägt ist. H × B: 4 × 2 m, W: –10 °C.

Hedera helix 'Goldchild'

Senecio scandens

Hedera 'Sagittifolia'

Hedera algeriensis 'Gloire de Marengo'

STRÄUCHER

Unter den traditionellen Gartensträuchern finden sich viele Arten, die niemals gegossen werden müssen, egal ob sie schattig oder in der Sonne stehen. Manche verlieren dadurch zwar ein paar Blätter, treiben aber schnell wieder nach.

Abelia × grandiflora

✦ *ABELIA × GRANDIFLORA*: GROSSBLÜTIGE ABELIE

GARTENFORM (KREUZUNG AUS *A. CHINENSIS* UND *A. UNIFLORA*)

Mittelgroßer Strauch mit kleinen, spitzen Blättern, halbimmergrün, bronzefarbenes Laub im Winter. Von Juli bis Oktober ansprechende weiße Blüten, rosa überlaufen, duftend, mit sehr schönen rosaroten Kelchblättern. Gut schnittverträglich, blüht auf dem Jahresholz. H × B: 1,5 × 1,8 m.

- Es gibt zahlreiche sehr attraktive, panaschierte Sorten, die aber die Kälte nicht so gut vertragen und nicht so robust sind. 'Kaleidoscope' ist goldfarben panaschiert, 'Lucky Lots' weiß, 'Conti' CONFETTI cremefarben.

Abelia chinensis

Weitere empfehlenswerte Art:

- ***A. chinensis***: seltener, die weißen Blüten in altrosa gefärbten Kelchen.

✦ *CEANOTHUS*: SÄCKELBLUMEN

NORD- UND SÜDAMERIKA

Hiervon existieren zwei Typen, die mehrheitlich blaue Blüten tragen.

Immergrüne Säckelblumen: Kreuzungen aus *C. thyrsiflorus, C. impressus* usw. Diese Sträucher zeigen von April bis Juni stahlblaue oder marineblaue Blüten, selten weiße. Manchmal kommt es zu erneuter Blüte im Herbst. Sie sind sehr wüchsig. Eher saure Böden. H × B: 1,5 × 3 m. W: –10 °C.

Empfohlene Sorten:

- 'Concha': groß, blauviolett.
- 'Victoria': sehr spät, mittlere Höhe, hellblau.
- 'Italian Skies': klein, hellblau.
- *C. thyrsiflorus* var. *repens*: mattenförmiger Wuchs (50–100 cm).

Ceanothus 'Italian Skies'

Gegenüber: *Ceanothus* 'Concha'

Ceanothus 'Henri Desfossé'

Choisya ternata 'Aztec Gold'

Laubabwerfende Säckelblumen: *C.* × *delileanus*, *C.* × *pallidus* (Gartenformen). Diese aufrecht wachsenden, sommergrünen Sträucher vertragen mehr Frost als die immergrünen Arten. Sie tragen im Juni–Juli blaue oder rosafarbene Blütendolden, alternativ von August bis Oktober, wenn man zu Beginn des Sommers die Jahrestriebe zurückschneidet. H × B: 1,5 × 1,5 m.

Empfehlenswerte Sorten:
- 'Henri Desfossé': veilchenblau.
- 'Glore de Versailles': blassblau.
- 'Marie Simon': rosa.

✦ *CHOISYA TERNATA*: MEXIKANISCHE ORANGENBLUME

MEXIKO

Wie der deutsche Name schon sagt, gehört dieser Strauch zu den Zitrusgewächsen, er verträgt aber geringere Temperaturen. Ein großer, rundlicher, immergrüner Busch mit gefingertem, wohlriechendem Laub. Hauptsächliche Blühperiode im Mai und Juni, manchmal erneut im Spätsommer, mit weißen, dezent duftenden Blüten. Vor kalter Zugluft schützen. Gedeiht auch gut im Kübel und kann zur Kugel getrimmt werden. H × B: 1,5 × 2 m.

Empfehlenswerte Sorten:
- 'Sundance': goldfarbenes Laub.
- 'Aztec Pearl': breit gelappt.
- 'Aztec Gold': eine goldfarben belaubte Auslese der vorgenannten Sorte, etwas kompakter.
- 'White Dazzler': klein (1,20 m) und ebenfalls mit breit gelapptem Blatt.
- 'Apple Blossom': rosafarbene Blüten.

Gegenüber: *Choisya ternata* 'Sundance', ideal im Halbschatten unter einem Baum.

Choisya ternata 'Aztec Pearl'

C. ternata 'White Dazzler' mit fein gefingertem Laub und kompakterem Wuchs.

Berberis 'Harlequin'

Berberis × ottawensis

Berberis thunbergii 'Atropurpurea', im Herbst mit leuchtenden Früchten.

WEITERE STRÄUCHER FÜR DEN HALBSCHATTEN

✦ *BERBERIS*: BERBERITZEN

Stachelige, immergrüne oder auch laubabwerfende Sträucher, die sich als sehr anpassungsfähig und widerstandsfähig bei Klimaschwankungen erweisen. Im Allgemeinen gedeihen sie auf allen Typen von Böden. *B. thunbergii* ist eine in Kultur weitverbreitete japanische Art mit kleinen Stacheln, die oft in Hecken zu finden ist. Teilweise halbimmergrün, verfärben sich die kleinen, ovalen Blätter im Herbst orangerot. Im Frühling gelb blühend. H × B: 1,8 × 1,5 m.

Empfehlenswerte Sorten:
- 'Atropurpurea': purpurnes Blatt.
- 'Orange Torch': schlank aufrechter Wuchs, im Frühling orangefarben belaubt, im Sommer grün und im Herbst rot.
- 'Admiration': rötliches Laub mit gelben Rändern, kompakte Pflanzen. 1 × 1 m.
- 'Harlequin': purpurnes Laub mit weißer Marmorierung, insbesondere im Frühling, kompakte Gestalt.
- 'Concorde': purpurn bis veilchenfarben, kompakte Gestalt.
- ***B. × ottawensis*** ist eine Hybride aus *B. thunbergii* und *B. vulgaris* (in Deutschland heimische Art), 2 × 2 m.
- ***B. darwinii***: langsam wachsender Strauch mit anfänglich sparriger, etwas zerzauster Gestalt, später dichter. Bei dieser Art markante kleine, dunkelgrüne Blätter mit fünf stacheligen Zähnen. Zum Frühlingsbeginn leuchtend orangefarbene Blüten, manchmal erneute Blüte im Oktober. Eine geschützte Stelle vorsehen. H × B: 1,5 × 1,8 m. *B. linearifolia* und *B. × stenophylla* gleichen *B. darwinii*, haben aber sehr schmale, lange Blätter, wie Tannennadeln.
- ***B. julianae***: immergrüner, verzweigter, dicht wachsender Strauch aus China mit großen, festen, lanzettlichen Blättern, dunkelgrün. Drei große Stacheln an der Basis jeden Blatts. Im Frühling gelb blühend. Bei Kälte färben sich die Blätter im Spätherbst teils scharlachrot. Ausgezeichnete Pflanze für undurchdringliche Hecken. H × B: 2 × 2 m.

Berberis darwinii

Berberis julianae

Berberis candidula

Buxus sempervirens 'Rotundifolia', kräftig und baumähnlich.

Berberis koreana

Buxus 'King Midas'

- ***B. candidula***: ein sehr verzweigter, immergrüner Strauch mit bogenförmigen Zweigen, das Laub elliptisch, zugespitzt, etwas wellig, unterseits silbrig. Von April bis Mai gelbe Blüten, manchmal auch noch im Herbst.
- ***B. koreana***: eine laubabwerfende Art mit wunderschönem Laub in Gelb mit roter Marmorierung. H × B: 2 × 1,8 m

✦ *BUXUS SEMPERVIRENS*: EUROPÄISCHER BUCHSBAUM

EUROPA

Immergrüner heimischer Strauch mit kleinen, ovalen, mehr oder weniger konvexen Blättern, dunkelgrün, glänzend, bei Frost hübsch bronzefarben. Unscheinbare weiße Blüten, aber nektarreich. Langsamer Wuchs, liebt karge, steinige und kalkhaltige Böden, verträgt aber auch leicht saure Böden. H × B: 2 × 2 m.

Empfehlenswerte Sorten:
- 'Rotundifolia': fast kreisrunde Blätter, besonders schnittverträglich.
- 'Elegans': Blätter cremeweiß umrandet.
- 'Marginata: Blätter mit blassgelbem Rand.
- 'King Midas': frische Blatttriebe goldgelb, später verblassend und schließlich grün.

✦ *CARAGANA ARBORESCENS*: GEWÖHNLICHER ERBSENSTRAUCH

SIBIRIEN

Großer Strauch oder kleiner, mehrstämmiger Baum, der aufgrund seiner ursprünglichen Heimat sehr anpassungsfähig ist und (starken) Frost sowie Trockenheit gut verträgt. Im Mai und Juni hübsche gelbe Blüten in Schmetterlingsform, im Herbst große Hülsen mit „Erbsen", die in gekochtem Zustand essbar sind. Stachelige Zweige mit gefiedertem Blatt, laubabwerfend. Wie die meisten Fabaceae versorgt auch der Erbsenstrauch den Boden mit Stickstoff. H × B: 2 × 4 m.

Caragana arborescens

BUCHSBAUMSTERBEN UND BUCHSBAUMZÜNSLER

Buchs wird seit etlichen Jahren von pathogenen Pilzen und vor allem von der Raupe des Buchsbaumzünslers (*Cydalima perspectalis*) befallen, einem chinesischen Schmetterling. Der Kampf dagegen macht Mühe und scheitert meistens. Es gibt zwar einige alternative Straucharten, doch keine ist so anpassungsfähig wie der Buchs oder verträgt dieselbe Vielfalt an Böden.

Herbstlicher *Cotinus*, an der Seite von Heidesträuchern wild gewachsen.

✦ *COTINUS COGGYGRIA*: PERÜCKENSTRAUCH

EUROPA

Schöner Strauch mit festen, sparrigen Zweigen und leuchtend grünen, ovalen Blättern an langen Stängeln, im Herbst leuchtend orange oder rot. Während des Sommers flaumige, sehr malerische Blütenstände, die man gut trocknen kann. Regelmäßiger Rückschnitt möglich, um kräftige, farbige Austriebe zu erhalten. Alle Pflanzen wirken wunderbar bei Gegenlicht. Sie vertragen steinige, karge, alkalische Böden.

Empfehlenswerte Sorten:

- Purpurrotes Laub und dunkelrosa Blüte: 'Royal Purple' (ergrünt etwas im Sommer, 3 m hoch); 'Grace' (konstantere Farbe über die Saison, 4 m hoch); 'Dusky Maiden' (braunrot, 3 m hoch).
- Goldfarbenes Laub, Blüten kupferrosé (Halbschatten): 'Ancot' GOLDEN SPIRIT (3 m hoch); 'Mincojau3' GOLDEN LADY (2 m hoch).
- Junge Blatttriebe purpurn, später bläulich grau: 'Old Fashioned' (3,50 m hoch).
- Zwergformen (1,20 m hoch): 'Young Lady' (grüngolden); 'Lilla' (rot-purpurn), Topfkultur möglich.
- ***C. obovatus***: ist ähnlich, aber eher baumförmig (3–8 m hoch). Aus der Kreuzung mit *C. coggygria* sind einige der kräftigsten Sorten entstanden, darunter 'Grace'.

Cotinus coggygria (Wildform).

Cotinus 'Grace'

Cotinus 'Ancot' GOLDEN SPIRIT

Cotinus 'Old Fashioned'

Cotinus 'Lilla'

Elaeagnus angustifolia

Elaeagnus × ebbingei

Elaeagnus 'Lannou' ELEADOR

✦ *ELAEAGNUS*: ÖLWEIDE

Große, robuste Sträucher mit guter Anpassung an trockene, karge Böden, die auch Gischt und Wind vertragen. Schnell wachsend und schnittverträglich, eignen sich Ölweiden für hohe Hecken, auch wenn es weniger aufwendig ist, sie in natürlicherer Gestalt wachsen zu lassen. Bei allen Arten sind die Blüten kaum sichtbar, aber stark duftend. Dank einer mit den Wurzeln in Symbiose lebenden Bakteriengattung (*Frankia* sp.) binden sie atmosphärischen Stickstoff.

Empfehlenswerte Arten und Sorten:

- ***E. angustifolia***, Schmalblättrige Ölweide: großer Strauch oder kleiner Baum, laubabwerfend, mit dornigen, ausgreifenden Zweigen. Längliches Blatt, das wie bei einer Weide aussieht, stark silbrig. Im Frühling gelbe Blüten mit intensivem Honigduft, im Herbst essbare, rote Früchte. Sehr schön als Solitär. H × B: 5 × 3 m.
- ***E. × ebbingei***, Wintergrüne Ölweide: ein voluminöser, immergrüner Strauch mit ledrigen, graugrünen Blättern, die unterseitig silbrig sind. Häufig als Heckenpflanze verwendet, sehr selten frei wachsend. Blüte im Herbst, gelegentlich fruchtend (Früchte essbar). Bevorzugt leicht saure oder kalkarme Böden. H × B: 3 × 3 m.
  Empfehlenswerte Sorten:
  - 'Compacta': gedrungene Gestalt, 2 m.
  - 'Lannou ELEADOR: Blatt mit goldgelber Mittelfärbung.
  - 'Gilt Edge': gelb gerändert.

- ***E. umbellata***, Doldige Ölweide: ein großer, stark verzweigter Strauch, die Äste kaum dornig und leicht überhängend. Längliches, hellgrünes Laub mit silbrig gefärbter Rückseite. Cremeweiße Blüten mit intensivem Duft, den man schon mehrere Meter im Umkreis des Strauchs wahrnimmt. Zahlreiche essbare Früchte, rot mit weißen Sprenkeln, woraus man eine Konfitüre kochen kann, die reich an Antioxidantien ist. H × B: 5 × 4 m.

Gegenüber: *Elaeagnus umbellata*.

Hippophae rhamnoides

Myrtus communis

Pyracantha SAPHYR orange

✦ *HIPPOPHAE RHAMNOIDES*: SANDDORN

EURASISCHE MEERESKÜSTEN

Sanddorn ist ein laubabwerfender, diözischer, dichter, stark verzweigter Strauch mit sehr dornigen Ästen. Er gehört zur typischen Flora der Küstengebiete, wo er mit seinen zahlreichen Wurzelausläufern zum Befestigen der Dünen beiträgt. Feines, längliches Blatt in gräulichem Grün. Trägt im Herbst reichlich orangefarbene Früchte, die sich ausgezeichnet für Konfitüre eignen; reich an Vitamin C, sie lassen sich aber schlecht ernten. Ideal für hohe, schützende Hecken auf kargen Böden und am Meer. H × B: 3 × 2 m.

Empfehlenswerte Sorte:

- 'Leikora': eine sehr ertragreiche weibliche Pflanze, zu der man unbedingt ein männliches Individuum, am besten die Sorte 'Pollmix', hinzupflanzen muss.

✦ *MYRTUS COMMUNIS*: GEWÖHNLICHE MYRTE

MITTELMEER

Dichter, aromatischer Strauch mit glänzend grünem Laub, immergrün. Von Mai bis August nektarreiche, reinweiße Blüten mit langen Staubblättern. Relativ langsamer Wuchs. Verträgt Gischt und Rückschnitt (blüht an den Jahrestrieben). *M. comminus* var. *tarentina*: kompaktere Gestalt, kleinere Blätter. H × B: 2 × 1,5 m, W: –12 °C.

✦ *PYRACANTHA*: FEUERDORN

ASIEN

Schmale, immergrüne Blätter von dunkelgrüner Farbe. Im Mai und Juni üppige weiße Blüten, im Spätsommer rote, orangefarbene oder gelbe Früchte. Die wild durcheinander wachsenden Äste mit abstehenden Dornen machen den Strauch ideal für schützende Hecken, er ist aber auch als frei wachsender oder geschnittener Solitär interessant. H × B: 4 × 3 m.

- Die Auslese SAPHYR® (gelb, orange, rot) ist gegen bakterielle Erreger resistent.

Pistacia lentiscus

✦ *PISTACIA LENTISCUS*: MASTIX-BAUM

MITTELMEERANRAINER

Großer, diözischer Strauch in buschig verzweigter Gestalt. Immergrünes, ledriges Blatt, glänzend; die jungen Blätter rot marmoriert, mit stark ölig-harzigem Geruch. Im Frühling tragen die männlichen Exemplare rötliche Blütentrauben, die weiblichen Sträucher grüne. Blüten unscheinbar, später aber leuchtend rote Früchte, die sich schwarz färben. Gut gischtverträglich, Standort sonnig bis schattig.

– Eine weitere, sehr ähnliche Art ist ***P. terebinthus*** (Terpentin-Pistazie). Zur Unterscheidung muss man lediglich die zusammengesetzten Blätter ansehen: paarig gefiedert (gerade Anzahl von Fiederblättchen) ist ein Mastix-Baum, unpaarig gefiedert ist die Terpentin-Pistazie. H × B: 2 × 2 m. W: –12 °C.

Blätter der Terpentin-Pistazie mit drei Fiedern am Ende des zusammengesetzten Blattes (unpaarig gefiedert).

Pittosporum tobira

✦ *PITTOSPORUM TOBIRA*: CHINESISCHER KLEBSAME, PECHSAME

JAPAN

Dichter, immergrüner Strauch mit rundlicher Gestalt, die Blätter dunkelgrün und stumpf an der Spitze. Unscheinbare gelblich weiße Blüten mit starkem Orangenblütenduft. Gedeiht auch gut in Kübeln, im Küstenklima oder als Heckenpflanze. Ist etwas kälteempfindlich und daher besser für mildes Klima geeignet. H × B: 3 × 2 m. W: –10 °C.

Weitere empfehlenswerte Art:

- ***P. tenuifolium***, Schmalblättriger Klebsame: kleines, hellgrünes Blatt, mit leicht gewellten Rändern. Interessante dunkelpurpurne Blüten. Gut schnittverträglich. H × B: 1,5–3 × 1,5–3 m.
  - 'Variegatum': weiße Blattränder und daher gut sichtbare Blüten.
  - 'Irene Paterson': weiß marmoriertes Laub.

Pittosporum tenuifolium 'Irene Paterson'

Pittosporum tenuifolium 'Variegatum'

✦ *RHAMNUS ALATERNUS*: IMMERGRÜNER KREUZDORN

SÜDLICHES EUROPA

In den Garrigue-Flächen und im Kalkgeröll beheimateter Strauch. Ledriges, dunkelgrünes Laub. Sehr zeitig im Frühling eine unauffällige Blüte, aber der sommerliche Fruchtbehang in Rot und bei Vollreife in Schwarz ist sehr dekorativ. Liebt Hitze und sollte in nördlichen Regionen einen geschützten Standort haben. H × B: 2 × 1,5 m, W: –12 °C.

– 'Argenteovariegata': hat wunderschönes Laub mit cremeweißem Rand, ist sehr hell und sollte nicht der Sonne ausgesetzt stehen.

Rhamnus alaternus

Rhamnus alaternus 'Argenteovariegata'

✦ *VIBURNUM*: SCHNEEBALL

Sommer- oder immergrüne Sträucher mit sehr unterschiedlicher Statur und vielfältigen Anforderungen. Die hier genannten Arten sind leicht zu kultivieren, haben interessante Blüten, eignen sich als frei wachsende oder getrimmte Hecken. Die Beeren sind bei den Vögeln beliebt, für den Menschen aber nicht essbar.

– ***V. lantana***, Wolliger Schneeball: ist auf Lichtungen zuhause und gut an seinen schmal ovalen, flaumigen Blättern erkennbar, halbimmergrün. Schöne duftende Frühlingsblüte in Form weißer Dolden, später rote und bei Vollreife schwarze Früchte. Sehr anpassungsfähig, sowohl bei Böden als auch Lagen. 'Aureum' hat gelbgrünes Laub. H × B: 2,5 × 2 m.

Viburnum lantana (Blätter und Blüten).

Viburnum lantana

Viburnum tinus 'Lisarose'

Viburnum tinus 'Variegatum'

- ***V. tinus***, Immergrüner Schneeball: buschige Statur, kleine, glänzende, ledrige Blätter. Die Blüte zwischen Dezember und April wird von dekorativen, kleinen, metallisch glänzenden, blauen Früchten abgelöst. Verträgt Gischt und die unmittelbare Nähe von Bäumen. Stark frostige Standorte meiden. H × B: 2 × 2 m. W: –12 °C.
  Empfehlenswerte Sorten:
  - 'Anvi' SPIRIT, 'Eve Price', 'Gwennlian', 'Lisarose' haben rosafarbene Knospen und die Blüten sind erst rosa und dann weiß.
  - 'Bewley's Variegated', 'Variegatum' haben goldfarben panaschiertes Laub.

- ***V. × pragense***, Prager Schneeball: ist wüchsig, dicht und immergrün. Er trägt schmale, gerade Blätter mit flaumiger Rückseite und duftende, weiße Blütenkugeln (Frühling), was bei immergrünen Schneeballsträuchern eher selten ist. Sehr schön als frei wachsende oder geschnittene Hecke.

✦ *ZIZIPHUS JUJUBA*: CHINESISCHE DATTEL, JUJUBE

CHINA

Großer Strauch mit überhängenden, stacheligen Zweigen, in China und um das Mittelmeer herum wegen seiner Früchte kultiviert. Leuchtend grüne, lanzettliche Blätter. Im Winter robuster als man im Allgemeinen annehmen würde, braucht zum guten Fruchtansatz aber Hitze. Es gibt zahlreiche fruchttragende Sorten unterschiedlicher Geschmacksrichtungen, Größen und Reifezeitpunkte. Verträgt aride Kalkböden extrem gut. H × B: 3 × 2 m.

ZEITWEISE TROCKENHEITSVERTRÄGLICH

- *Calycanthus × raulstonii*: Gewürzstrauch
- *Callicarpa dichotoma*: Purpur-Schönfrucht
- *Chaenomeles* sp.: Zierquitte
- *Cornus sanguinea*: Blutroter Hartriegel
- *Cotoneaster* sp.: Zwergmispel
- *Euonymus alatus*: Flügel-Spindelstrauch
- *Fuchsia magellanica*: Fuchsie
- *Heptacodium miconioides*: Heptacodium
- *Leycesteria formosa*: Schöne Leycesterie
- *Ligustrum ovalifolium*: Wintergrüner Liguster
- *Lonicera fragrantissima*: Wohlriechende Heckenkirsche
- *Poncirus trifoliata*: Bitter-Orange
- *Ribes sanguineum*: Blut-Johannisbeere
- *Rosa canina*: Hunds-Rose
- *Staphylea holocarpa*: Chinesische Pimpernuss

Gegenüber: *Viburnum × pragense*

LAUBBÄUME

Für eine gute Trockenheitstoleranz müssen Bäume ein tief in den Boden reichendes Wurzelwerk entwickeln. Es ist also unerlässlich, den zusammengerollten Wurzelballen aus dem Container zu lockern, damit die Wurzeln kräftig in tiefe Bodenschichten wachsen.

✦ *BROUSSONETIA PAPYRIFERA*: PAPIER-MAULBEERE

OSTASIEN

Diözischer großer Strauch oder kleiner Baum, oft mehrstämmig. Exotisch aussehende, große, vielgestaltige Blätter, entweder ungeteilt oder tief gelappt (vor allem an den jungen Trieben), leicht flaumig. Obgleich leicht durch Schnitt im Zaum zu halten, neigt der Baum zu wuchernden Wurzelausläufern, wenn das Wurzelwerk beschädigt wird. In kälteren Regionen führen Frost und Erfrierungen dazu, dass sich die strauchförmige Gestalt erhält. Schnellwüchsig. 'Golden Shadow' hat gelbes Laub, das die Sonne verträgt. H × B: 5 × 5 m. W: –12 °C.

✦ *CRATAEGUS*: WEISSDORN

Große Büsche oder kleine Bäume, manchmal mehrstämmig, laubabwerfend. Sehr stachelig, eignen sich für hohe, blühende Hecken. Wunderbare Wirtspflanze für Schmetterlinge und Vögel. Weißdorn kann sehr alt werden und Kalk, Umweltverschmutzung und schwere Böden machen ihm nichts aus. Braucht aber eine ausreichend dicke Substratschicht. H × B: 3–8 × 2–6 m.

Empfehlenswerte Arten und Sorten:

- ***C. laevigata***, Zweigriffliger Weißdorn: eine weitverbreitete heimische Art aus Wäldern und lichten Flächen. Kleine, dunkelgrüne Blätter mit leicht gelapptem Rand, herbstliche Gelbfärbung. Schöne braungraue Rinde, die mit dem Alter aufreißt. Breitet sich durch Wurzelausläufer aus, vor allem nach kräftigem Rückschnitt. Bei der Wildform eine beeindruckende weiße Blütenfülle.
  - 'Crimson Cloud': blüht dunkelpink mit weißem Auge.
  - 'Princess Sturdza': blüht blassrosa mit weißem Auge.

Gegenüber: *Koelreuteria paniculata*

Broussonetia papyrifera

Crataegus laevigata 'Crimson Cloud'

Crataegus 'Rosea Plena'

Crataegus 'Gireoudii'

Crataegus × *prunifolia* 'Splendens'

- 'Plena': gefüllte, weiße Blüten.
- 'Gireoudii': weiß marmoriertes Laub, für Halbschatten.

- *C.* × *media* 'Paul's Scarlett': eine Kreuzung mit der nachfolgend aufgeführten Art; gefüllte rosafarbene Blüte mit langer Blühperiode.
- ***C. monogyna***, Eingriffliger Weißdorn: eine weitere heimische Art, die an Waldrändern und in trockenem Offenland verbreitet ist. Sie unterscheidet sich von der sehr ähnlichen *C.* × *media* durch das tiefer gelappte Blatt und die Früchte mit nur einem Kern (ansonsten 2–3). *C. azarolus* (Welsche Mispel) ist eine mediterrane Verwandte mit tief gelappten Blättern. Man sollte sie bei heißem Klima bevorzugen.
  - 'Fleuxuosa': stark gewundene Statur.
  - 'Xanthocladum': kupferfarbene Neutriebe.
  - 'Compacta': eine Zwergform ohne Stacheln.
  - 'Variegata': weiß panaschiertes Laub, für Halbschatten.
- ***C.* × *lavallei* 'Carrierei'**: eine Kreuzung aus *C. mexicana* und *C. crus-galli*, hat weniger oder gar keine Dornen, wächst wie ein stark gewundener Strauch und eignet sich besser als Solitär denn als Heckenpflanze. Ovales, gezähntes Blatt in dunklem Grün, im Spätherbst orangerot oder mattbraun, halbimmergrün. Sehr üppige Blüte, danach dicke, orangerote Früchte.
- ***C.* × *prunifolia* 'Splendens':** aufrechte Statur, lange, messerscharfe Dornen, aber malerisch. Dunkelgrünes Laub ähnlich wie die vorgenannte Kreuzung. Sicher eine der Sorten mit der schönsten Herbstfärbung in intensivem Orangegold, was die späten roten Früchte zur Geltung bringt.

✦ *KOELREUTERIA PANICULATA*: RISPIGER BLASENBAUM

CHINA

Schöner Baum mit oftmals malerischem Aussehen, besonders wenn er auf einem Stamm veredelt wurde, im Alter rundliche Krone. Große zusammengesetzte Blätter, erst in bronzefarbenem Rosé (bei 'Coral Sun' rosa), dann dunkelgrün, später schöne Herbstfärbung in Gelb-Rötlich. Von Juni bis August lange, gelbe Blütenrispen, danach dekorative, seltsam aufgeblasene Früchte. Liebt Hitze. H × B: 8 × 6 m.

Gegenüber: *Crataegus* × *lavallei* 'Carrierei'.
Ausschnitt: Früchte.

WEITERE LAUBBÄUME FÜR DEN HALBSCHATTEN

✦ *ACER TRIFLORUM*: DREIBLÜTIGER AHORN

CHINA, KOREA

Ahorn in Form eines großen Strauchs oder kleinen Baums. Dreiteiliges Blatt, schöne Herbstfärbung in Kupferorange. Große Flügelfrüchte, in Dreiergruppen, daher der Name. Die braune Rinde bildet Längsrisse und schält sich mit den Jahren. Tiefgründiger Boden. H × B: 6 × 4 m.

✦ *LABURNUM × WATERERI* 'VOSSII': HYBRID-GOLDREGEN

GARTENFORM

Kleiner, eher struppiger Baum, oft mehrstämmig, die jungen Zweigaustriebe grün und später braun. Große, kleeblattähnliche Blätter in leuchtendem Grün, leicht flaumig, sommergrün. Lange Trauben gelber Schmetterlingsblüten im Mai oder Juni, keine Früchte. Bevorzugt alkalische Böden. H × B: 6 × 3 m.

✦ *OSTRYA CARPINIFOLIA*: GEWÖHNLICHE HOPFENBUCHE

SÜDEUROPA

Kleiner, aufrechter Baum aus mediterranen Breiten, das Blatt erinnert an eine Hainbuche und die seltsam geformten, schuppig angeordneten Früchte im Sommer an Hopfen. Schöne braune Rinde mit grauer Marmorierung. Goldfarbene Herbstfärbung. Liebt kalkhaltige, trockene, nicht zu oberflächliche Böden, vorteilhafter Ersatz für die Hainbuche. Langsamer Wuchs. Massiven Rückschnitt vermeiden, damit die natürliche Gestalt erhalten bleibt. H × B: 8 × 4 m.

Gegenüber: *Acer trifolium* im Herbst.
Ausschnitt oben: junges Laub.
Ausschnitt unten: Rinde.

Laburnum × watereri 'Vossii' (Hybrid-Goldregen) möglichst nicht schneiden, weil Krankheitserreger eindringen könnten, die zum Absterben führen.

Ostrya carpinifolia. Im Ausschnitt die Blätter und Früchte.

Quercus ilex

✦ *QUERCUS*: EICHEN

Die hier gezeigten Arten lieben Wärme und eher trockenes Klima. Damit die Eichen Phasen von zeitweiliger Trockenheit überstehen, ist ein gesundes Wurzelwerk notwendig. Wählen Sie daher junge Bäume, nach Möglichkeit Sämlinge, aus, die noch keinen Wurzelballen im Container gebildet haben. Andernfalls entwickelt sich die Pfahlwurzel nicht richtig. Zur Not können Sie aber bei Containerware alle verdrehten Wurzeln radikal einkürzen, um ein gesundes Wurzelwachstum anzuregen.

Quercus suber. Ausschnitt oben: Blätter
Ausschnitt unten: Stamm

Immergrüne Arten:

- ***Q. ilex,*** Stein-Eiche: hat oftmals eine malerische Statur und knorrige, gewundene Äste. Immergrünes, in der Form variantenreiches Laub, ledrig und gezähnt wie ein Ilex, doch unterseits grau. Als Solitär wächst der Baum breiter als hoch. Langsames Wachstum. Verträgt Gischt und liebt Kalkböden, passt sich ansonsten auch gut an. H × B: 10 × 8 m. Sehr gut schnittverträglich, schlägt selbst bei radikalem Rückschnitt aus dem Wurzelstock wieder aus.
- ***Q. suber***, Kork-Eiche: ein knorrig wachsender Baum mit bemerkenswerter, tief zerfurchter Borke (Kork), die den Baum vor den regelmäßig auftretenden Waldbränden in seiner Heimat schützt. Blätter ähnlich wie die der Stein-Eiche, doch ovaler. Nicht so winterhart wie die vorgenannte Art. Benötigt saure Böden und scheut Kalk. H × B: 6–8 × 6 m, W: –12 °C.

Laubabwerfende Arten:

- ***Q. cerris***, Zerr-Eiche: ein Vertreter aus warmen Wäldern. Die Blätter sind buchtig gelappt, mit spitzigen Lappen, stechen aber nicht. Sie bleiben auch im Winter lange am Baum. Die Früchte haben einen geschuppten Becher. Verträgt Kalkböden und ist kaum anfällig für Mehltau. 'Variegata' ist eine hübsche, cremefarben panaschierte Sorte mit geringer Wüchsigkeit. H × B: 15 × 8 m.
- ***Q. pubescens***, Flaum-Eiche: eine weitere in warmen Wäldern mit alkalischen Böden heimische Art. Hat oft eine malerische, gewundene Statur. Die jungen Triebe und Blätter sind flaumig behaart.

Spitz gelappte Blätter, manchmal schwer von *Q. cerris* zu unterscheiden, weil die Blattform vielgestaltig ist. Langsames Wachstum. Verträgt steinige Böden sehr gut. H × B: 15 × 8 m.

- ***Q. pyrenaica***, Pyrenäen-Eiche: ein mittelgroßer Baum, heimisch auf den sauren Böden in den Wäldern der Atlantikküste. Wächst oft knorrig und niedrig verzweigt. Die Blätter sind tief gelappt. Wuchert durch Wurzelausläufer, vor allem als junges Exemplar. Gut an das Meeresklima sowie relativ leichte, karge Böden angepasst, kommt aber mit kontinentalem oder Höhenklima nicht so gut zurecht. H × B: 5 × 6 m.

Quercus cerris 'Variegata'

ZEITWEISE TROCKENHEITS-VERTRÄGLICH

- *Acer campestre*: Feld-Ahorn
- *Acer cappadocicum* : Kolchischer Ahorn
- *Acer platanoides*: Spitz-Ahorn
- *Acer pseudoplatanus*: Berg-Ahorn
- *Carpinus betulus*: Gewöhnliche Hainbuche, Weißbuche
- *Chaenomeles cathayensis*: Cathaya-Scheinquitte
- *Cornus mas*: Kornelkirsche
- *Eriobotrya japonica*: Japanische Wollmispel
- *Maclura pomifera*: Osagedorn, Milchorange
- *Parrotia persica*: Parrotie, Eisenstrauch
- *Ptelea trifoliata*: Dreiblättriger Lederstrauch

Quercus pubescens

KONIFEREN

Einige Koniferenarten gewöhnen sich besser an veränderte Bedingungen und wasserarme Phasen als andere. Auch hier gilt, dass sich das Wurzelwerk tiefer ausbreitet, wenn man sie ganz jung setzt und dabei die Wurzeln ordentlich ausbreitet.

✦ *JUNIPERUS HORIZONTALIS*: KRIECH-WACHOLDER

NORDAMERIKA

Zwergkonifere, die sich mit den Jahren kriechend ausbreitet. Ausgezeichneter immergrüner Bodendecker für Böschungen oder unschöne Stellen im Garten auf kargen, steinigen Böden. H × B: 40 × 150 cm.

Empfehlenswerte Arten und Sorten:

- 'Golden Carpet': goldfarbene Triebe.
- 'Wiltonii', 'Blue Chip': bläuliche Nadeln, die bei Frost purpurn werden.
- ***J. sabina***: eine im Alpenland heimische Art mit ausladender Gestalt und smaragdgrünen Nadeln. Am häufigsten wird 'Tamariscifolia' mit etwas lichterem Nadelbehang oder auch 'Variegata' mit cremeweißen Schattierungen gepflanzt.
- ***J. × pfitzeriana***: eine Hybride von ausladender Strauchgröße und etwas aus der Mode gekommen, eignet sich aber gut für den Halbschatten, insbesondere die Sorten 'Old Gold' und 'Kuriwao Gold' mit goldgrünen Nadeln.

✦ *PINUS MUGO* SUBSP. *UNCINATA*: HAKEN-KIEFER, BERG-SPIRKE

EUROPÄISCHE GEBIRGSLANDSCHAFTEN

Montane Kiefer mit kompakter Gestalt, sehr winterhart. Die dunkelgrünen Nadeln paarig gruppiert. Die kleinen Häkchen an den Schuppen der Kiefernzapfen gaben der Art ihren Namen. Die Unterart *P. m.* subsp. *mugo* (Gewöhnliche Berg-Kiefer) unterscheidet sich durch ihre gedrungene Statur, die oftmals nicht über 1,5 m in jeder Richtung hinausgeht. Damit bietet sie eine sehr beliebte attraktive Silhouette zwischen großen Felsen. Zahlreiche Zwergformen, wie etwa 'Mops' (mit kurzen Nadeln und kissenförmigem Wuchs, 1 × 1,2 m) oder 'Gnom' (in Kugelform, 1,5 m). H × B: 6 × 3 m.

Gegenüber: *Pinus mugo* subsp. *uncinata*

Juniperus sabina unter Lärchen.

Juniperus × pfitzeriana

Pinus mugo subsp. *uncinata*, der Zapfen mit den gebogenen Häkchen.

Podocarpus 'Kilworth Cream'

✦ *PINUS SYLVESTRIS*: WALD-KIEFER, FÖHRE

EURASIEN

Immergrüne, in Europa weit verbreitete, forstwirtschaftlich genutzte Föhre. Schlanker Wuchs, die Krone mit dem Alter ausladender, im Gebirge oder an den Küsten knorrig verwachsen. Schöner Kontrast zwischen den kurzen, blaugrünen Nadeln und der zerfurchten, orangeroten Rinde, die sich mit dem Alter grau färbt. Sehr langlebig. 'Aurea' färbt sich bei Frost goldschimmernd; 'Watereri' wächst mit 4–8 m Höhe kompakter. H × B: 25 × 8 m.

✦ *PODOCARPUS NIVALIS*: SCHNEE-STEINEIBE

NEUSEELAND

Kleine Konifere, die in unseren Breiten ziemlich klein bleibt und daher problemlos in Beetgestaltungen integriert werden kann. Kurze, rundliche Nadeln, dunkelgrün. Muss vor extrem starkem Frost geschützt werden. Für kalkarme, nicht zu schwere Böden. Langsames Wachstum. H × B: 70 × 100 cm und mehr.

Empfehlenswerte Sorten:
- 'Chocolate Box': färbt sich im Winter in einem bronzefarben glänzenden Schokoladenbraun.
- 'Kilworth Cream': weiß marmorierte Jungtriebe.

Podocarpus 'Chocolate Box'

Pinus sylvestris, knorrig gewachsene Gestalt.

Pinus sylvestris, Nadeln.

Pinus sylvestris, Stamm.

TROCKENHEITS-TOLERANTE PFLANZEN **FÜR DEN SCHATTEN**

Trockener Schatten ist eine echte Herausforderung: Lichtmangel kommt über weite Zeiträume des Jahres zum weitgehend trockenen Boden hinzu. Zu dieser Gruppe gehören jene Pflanzen für wasserdurchlässige Böden, die zugleich unter Bäumen und Sträuchern oder sogar zwischen den Wurzeln gut gedeihen.

GEOPHYTEN

Diese Pflanzen haben entweder ihren Vegetationszyklus so angepasst, dass sie Licht und Feuchtigkeit nutzen, solange die Bäume blattlos sind, oder sie kommen mit einem Minimum an Licht und Wasser während ihrer Wachstumsperiode aus.

✦ *ARUM ITALICUM*: ITALIENISCHER ARONSTAB

EUROPA

Heimische mehrjährige Pflanze der Krautschicht von Wäldern, mit tief liegenden Speicherknollen. Große pfeilförmige Blätter in dunklem Grün, je nach Sorte teils silbrig marmoriert. Die Blätter treiben im Herbst aus – ein ausgezeichneter winterlicher Bodendecker. Sie verschwinden mit dem Einsetzen der Hitze im Sommer. Für die Pflanzenfamilie typischer Blütenstand mit weiß-grünem, hornförmigem Hochblatt (Spatha). Alle Pflanzenteile sind giftig, vor allem die dicken, orangeroten Früchte, die sich an einem großen Kolben entwickeln, muss man von Kindern fernhalten. Einfache Kultur, sogar in lehmigen Böden. H × B: 30 × 30 cm:

- *A. maculatum*, Gefleckter Aronstab: ist sehr ähnlich, Blätter jedoch hellgrün und oft schwarz getupft.

✦ *BEGONIA GRANDIS*: WINTERHARTE BEGONIE

OSTASIEN

Diese Begonie ist die einzige Art, die man auch in unseren Breiten draußen kultivieren kann. Große, waffelartig raue Blätter, unterseits purpurn, bilden einen hübschen dichten Büschel. Die Blüten (rosa oder weiß) erscheinen in lockeren Blütenständen zwischen Juli und Oktober. Bei günstigen Bedingungen Vermehrung durch Samen. Vor eisigem Wind schützen. Humusreicher Boden. In kalten Regionen ist eine Laubschicht als Bedeckung empfehlenswert. H × B: 45 × 30 cm.

Gegenüber: *Begonia grandis* mit weißen oder rosafarbenen Blüten an steinigem Standort.

Arum italicum

Arum maculatum 'Chameleon'

Begonia grandis mit purpurnen Blattunterseiten.

Cyclamen coum mit silbrigem Laub.

Cyclamen coum zusammen mit dem silbrigen Pelzfarn *Cheilanthes lanosa*.

✦ *CYCLAMEN*: ALPENVEILCHEN

Es gibt zahlreiche völlig winterharte Arten, die über Jahre hinweg mit ihren Blüten und dem ästhetisch ansprechenden Laub als Zierde in gut dränierten Gärten und unter Gehölzen wachsen können. Man muss nur gut darauf achten, die fleischigen, runden Speicherknollen nicht mit Gartengeräten zu beschädigen. Kaufen Sie bevorzugt Pflanzen in Anzuchttöpfen, da diese besser anwachsen als trockene Knollen. H × B: 10 × 15 cm.

- ***C. coum***: herzförmiges, fast rundes Blatt, dunkelgrün und mehr oder weniger silbrig überzogen, Austrieb im Herbst. Im Januar und Februar erfolgt die Blüte in Fuchsienrosa, Hellrosa oder Weiß, manchmal mit violettem Auge. Sät sich sehr leicht aus, wodurch der Bestand anwächst und oft zugleich Farb- und Blattvarianten entstehen können.
- ***C. hederifolium***, Herbst-Alpenveilchen: ist besonders weit verbreitet und blüht üppig unmittelbar vor dem Blattaustrieb von August bis November in leuchtendem Rosa, Hellrosa oder Weiß. Die Blätter sind je nach Züchtung ausgesprochen vielgestaltig (gezähnt, gebuchtet usw.) und vielfarbig (uni oder stark marmoriert). Die Knollen können sehr groß werden, die Art vermehrt sich aber nicht so gut wie *C. coum*.
- ***C. purpurascens*** (vormals *C. europaeum*), Wildes Alpenveilchen: hat ausgeprägt runde Blätter in dunklem Grün mit einigen silbrigen Flecken. Die Blüten sind meistens leuchtend rosa und erscheinen von August bis Oktober. Ein besonderes Merkmal dieser Art ist der besonders intensive Duft. Langsames Wachstum.

Cyclamen hederifolium

Cyclamen hederifolium var. *album*

Cyclamen hederifolium (Nahaufnahme der Blüte).

C. hederifolium, eine Selektion mit stark marmoriertem Blatt.

Anemonen eigenen sich perfekt als Bodendecker unter großen, sommergrünen Sträuchern.

Wildform der *Anemone nemorosa*

Anemone 'Royal Blue'

Anemone ranunculoides

Anemone × lipsiensis

WEITERE GEOPHYTEN FÜR DEN TROCKENEN SCHATTEN

✦ *ANEMONE*: ANEMONE, WINDRÖSCHEN

EUROPA

Die hier vorgestellten Windröschen begrüßen im März und April den Frühling. Daher schätzt man sie sehr unter Bäumen und Sträuchern, die zu dieser Zeit noch blattlos sind. Sie beginnen ihre Sommerruhe, wenn die Knospen der Bäume sich öffnen und damit mehr Schatten aufzieht. Sie lieben humusreiche Böden und wenn möglich eine ordentliche Laubschicht. Man sollte bevorzugt Ware aus Topfkultur setzen. H × B: 15 × 20 cm.

- ***A. nemorosa***, Busch-Windröschen: gedeiht oft zu Tausenden auf dem Waldboden in landschaftlich geschützten Gebieten. Große, weiße, becherförmige Blüten mit gelben Staubgefäßen. Es gibt rosafarbene Züchtungen ('Westwell Pink'), bläuliche ('Royal Blue') oder gefüllte Sorten ('Alba Plena').
- ***A. ranunculoides***, Gelbes Windröschen: hat ähnliche Blüten wie *A. nemorosa*, jedoch in intensivem Gelb.
- ***A. × lipsiensis***: ist eine Kreuzung aus den beiden vorgenannten Arten mit schwefelgelben Blüten.

✦ *ERANTHIS HYEMALIS*: KLEINER WINTERLING

SÜDEUROPA, KLEINASIEN

Winterliche Blüten in der Form kleiner Goldknöpfe, die auf einem leuchtend grünen Blätterpaar (Brakteen) zu sitzen scheinen. Liebt Kalkböden und vermehrt sich bei günstigen Standortbedingungen gut. Verträgt auch Sonne. Alle Pflanzenteile sind giftig. Im Frühling bekommt man die Pflanzen in Töpfchen, im Herbst als kleine, schwarze Knollen, die man vor dem Auspflanzen einige Stunden in Wasser einweichen sollte. H × B: 10 × 20 cm.

Eranthis hyemalis (Population).

Eranthis hyemalis (Blüte).

Älterer Büschel der *Arisaema consanguineum*.

Arisaema sikokianum

✦ *ARISAEMA*: FEUERKOLBEN

HIMALAYA, OSTASIEN

Trotz ihres fremdartigen und exotischen Aussehens sind diese ostasiatischen Vettern des Aronstabes zumeist leicht zu kultivieren, solange der Boden nicht zu schwer ist. Sehr malerischer Blütenstand mit einem eingerollten farbigen Hochblatt (Spatha). Manche Arten treiben erst spät aus, daher sollte man sich unbedingt den Standort merken, um die Pflanze nicht zu beschädigen. Man kann sie zwischen andere Stauden setzen, die vor der Blüte den Platz einnehmen. Die großen, giftigen Knollen bleiben von Wühlmäusen verschont.

Empfehlenswerte Arten:

- ***A. candidissimum***: eine kleine Art mit verhältnismäßig großem, weißem Hochblatt, das rosa gestreift ist. Treibt spät aus (Mai oder Juni) und blüht reichlich. Dreiteilig gefingertes Blatt. 30 × 20 cm.
- ***A. consanguineum***: eine spektakuläre, sehr späte Art, die in nördlichen Breiten erst im Juli aus der Erde kommt. Mit fein gefingerten Blättern, teils silbrig gestreift an einem sehr langen Blattstiel. Hochblätter grün mit purpurnen Streifen. Die Knolle treibt seitliche Ausläufer aus, wodurch ein schönes Büschel entsteht, das nach der Blüte nicht einzieht. 1–1,5 m × 20–60 cm.
- ***A. ringens*** besitzt sehr große, glänzende und kräftige, dreiteilige Blätter (bis 50 cm im Durchmesser). Im April–Mai purpurne oder grüne Spatha in der Form eines Kobrakopfes. 50 × 60–80 cm.
- ***A. tortuosum***: große, gefingerte Blätter in leuchtendem Grün. Die Blüte fällt je nach Herkunft sehr unterschiedlich aus, ist aber am häufigsten grell grün mit einem langen Kolben-Fortsatz, der aus dem Hochblatt hervorsteht. Blüte im Juni, danach zieht die Pflanze wieder ein. 50 × 20 cm.
- ***A. thunbergii* var. *urashima***: in Japan „Kannenpflanze mit Angel“ genannt, weil aus dem Blütenstand ein langer schwarzer Fortsatz wächst. Blüte im April, gefingertes Blatt. Zieht nach der Blüte ähnlich wie eine Narzisse schnell ein. 30 × 20 cm.
- ***A. sikokianum***: spektakuläres Hochblatt, außen purpurschwarz und innen weiß. Diese Art ist manchmal etwas schwer zu halten. 40 × 40 cm.

Arisaema tortuosum

Arisaema consanguineum, Hochblatt (Spatha).

Arisaema thunbergii var. *urashima*

Arisaema ringens

Polygonatum × hybridum 'Betberg'
mit purpurbraunen, frischen Blatttrieben.

✦ *POLYGONATUM ODORATUM*: SALOMONSSIEGEL
EUROPA

Heimische Staude des Unterwuchses von Wäldern mit eleganten, zur Spitze hin bogenförmigen Trieben, die im Frühling zahlreiche weiße, dezent duftende Blütenglocken tragen. Später blauschwarze, giftige Beeren. Die Büschel breiten sich dank dicker Rhizome aus, bei leichten, humosen Böden geht es am schnellsten. H × B: 40–80 × 50 cm und mehr.

– 'Red Stem' hat rote Triebe (30 cm hoch), 'Variegatum' hat weiß umrandete Blätter (60 cm hoch).

P. × *hybridum*, Garten-Salomonssiegel: eine Kreuzung von *P. odoratum* mit *P. multiflorum*, mit vielen kräftig wüchsigen Sorten wie 'Weihenstephan' (H × B: 1 × 1 m) oder 'Betberg' mit purpurbraunen jungen Blatttrieben (60 cm hoch).

Polygonatum odoratum 'Variegatum'

Gegenüber: *Polygonatum multiflorum*

NIEDRIGE UND KRIECHENDE PFLANZEN

Gewöhnlich werden sie als Bodendecker eingesetzt, damit kein Unkraut aufläuft, aber sie eignen sich auch wunderbar zwischen großen Stauden, Sträuchern und sogar unter Bäumen. Unter dem Teppich kann man auch Zwiebelpflanzen ausbringen.

✦ *LAMIUM GALEOBDOLON*: ECHTE GOLDNESSEL

EUROPA

Dank ihrer langen, kriechenden Triebe, die sich an den Knoten bewurzeln können, eine kräftig wüchsige, üppige Staude. Gelbe, helmförmige Blüten, die im Frühling zahlreich erscheinen, später dann über lange Zeit noch vereinzelt. Zweifellos einer der schönsten Bodendecker für trockenen Schatten und ideal als Unterbewuchs. Die Sorte 'Florentinum' ist am weitesten verbreitet, hat silbrig marmoriertes Laub und bildet schöne Teppiche. 'Hermann's Pride' hat intensiv silbrige, gerade, gezähnte Blätter; breitet sich kaum aus und bildet ein Büschel. Humoser, nicht zu schwerer Boden. H × B: 30 × 100 cm und mehr.

✦ *OPHIOPOGON PLANISCAPUS* 'NIGER': SCHWARZER SCHLANGENBART

JAPAN

Spektakulärer, grasartiger Busch mit immergrünen, schwarz getönten Blättern, leicht bogenförmig überhängend. Im Sommer unauffällige malvenfarbene Blüten, danach deutlich sichtbare, dunkelviolette Früchte. Sehr langsames Wachstum. Es dauert einige Jahre, bis man den Stock teilen kann, der sich durch kleine Rhizome ausbreitet. Die Staude ist extrem ausdauernd und robust und entwickelt sich zum wirkungsvollen Bodendecker. Eher humoser Boden, auch zwischen Baumwurzeln geeignet. H × B: 20 × 50 cm.

- **O. *japonicus***: hat dunkelgrünes Laub, wächst ebenfalls sehr langsam. Die Sorte 'Minor' bleibt sehr niedrig.

Gegenüber: *Ophiopogon japonicus* als solider Unterbewuchs für Pflanzungen unter Bäumen.

Lamium galeobdolon 'Florentinum'

Ophiopogon planiscapus 'Niger'

Euphorbia amygdaloides subsp. *robbiae*

Vinca major 'Variegata'

Kleines Immergrün, *Vinca minor*.

Vinca minor 'Aureovariegata'

✦ *EUPHORBIA AMYGDALOIDES* SUBSP. *ROBBIAE*: ROBB-WOLFSMILCH

KLEINASIEN

Niedrige, wuchernde, immergrüne Staude mit ledrigen Blättern, dunkelgrün glänzend. Ausgezeichneter Bodendecker unter Bäumen und für ungünstige Bedingungen. Von April bis Juni leuchtend hellgrüne Blüten an kurzen Trieben. Wie alle Wolfsmilchgewächse gibt die Pflanze bei Verletzungen einen Saft ab, der Reizungen verursacht, daher direkten Hautkontakt vermeiden. H × B: 50 × 50 cm und mehr.

✦ *VINCA*: IMMERGRÜN

EUROPA

Beide Arten dieser Gattung sind wirkungsvolle, immergrüne, halbstrauchige Bodendecker mit schönen kelchförmigen Blüten. Ihre Triebe bewurzeln sich bei Kontakt mit der Erde und bilden ein undurchdringliches Kissen. Nährstoffreicher Boden. Für (nicht zu heiße) Sonne (bessere Blüte), aber auch für kompletten Schatten.

- ***Vinca major***, Großes Immergrün: bildet kräftigere Triebe mit großen, ovalen, dunkelgrünen Blättern aus und trägt im Frühling große, blauviolette Blüten. Die Unterart *hirsuta* hat Blüten mit eleganten, geraden Blütenblättern. H × B: 25 × 100 cm und mehr.
  Empfehlenswerte Sorten:
  - 'Alba': weiße Blüten.
  - 'Variegata': gelb gerändertes Laub.
  - 'Argenteovariegata': weiß gerändertes Laub.
  - 'Wojo': Blätter in der Mitte cremefarben.

- ***Vinca minor***, Kleines Immergrün: ist in seiner Größe und Wüchsigkeit bescheidener. Es lässt sich dank der kleinen, eiförmigen Blätter an langen, dünnen Trieben etwas besser als Beetbepflanzung einsetzen, ohne dass es seine Nachbarn erstickt. H × B: 15 × 50 cm und mehr.
  Empfehlenswerte Sorten:
  - 'Atropurpurea': purpurviolette Blüten.
  - 'Alba': weiße Blüten.
  - 'La Grave': größere Blüten.
  - 'Argenteovariegata': weiß geränderte Blätter
  - 'Aureovariegata': gelb geränderte Blätter.
  - 'Illumination': Blattmitte hellgrün und goldfarben.

Vinca minor 'Atropurpurea'

Vinca minor 'Illumination'

Asarum caudatum

Asarum europaeum

Asarum splendens. Im Ausschnitt eine Blüte.

WEITERE NIEDRIGE UND KRIECHENDE STAUDEN FÜR DEN SCHATTEN

✦ *ASARUM*: HASELWURZ

Diese eher unbekannte Gattung gehört zu den interessanten immergrünen Bodendeckern für Schattenlagen unter Bäumen und Sträuchern. Sie hat bizarr geformte Blüten in unterschiedlichen Farben, die sich oft unter den ledrigen Blättern verstecken. Die Pflanze breitet sich langsam aus, lässt sich aber durch Teilung der kriechenden Rhizome bei günstigen Bedingungen leicht vermehren, teils auch durch Sämlinge. Leicht humoser Boden. H × B: 5–20 × 30–60 cm.

Empfehlenswerte Arten:

- ***A. caudatum***, Geschwänzte Haselwurz: in Nordamerika heimisch, hat herzförmige Blätter mit leicht gerundeter Spitze und purpurne Blüten mit langen, spitzen Blütenblättern. Zählt zweifelsfrei zu den kräftigsten und standfestesten der Arten.
- ***A. europaeum***, Gewöhnliche Haselwurz: kommt aus Europa und bildet einen etwa 10 cm dicken Teppich nierenförmiger, leicht behaarter, glänzender Blätter. Sehr aromatisches Laub, das früher in Mangelzeiten als Ersatz für Pfeffer diente.
- ***A. splendens***: eine hübsche Art aus China mit markant silbrig gezeichnetem Blatt, das einem großen Alpenveilchen ähnelt. Purpurn-weiße Blüten mit 4–5 cm Durchmesser, teils zweite Blüte im Herbst. Trotz des exotischen Aussehens sehr winterhart und einfach zu kultivieren.

✦ *LITHOSPERMUM PURPUROCAERULEUM*: BLAUROTER STEINSAME

KAUKASUS

Lanzettliche, raue Blätter an Büscheln von wirr wachsenden Stängeln, die sich leicht bewurzeln. Dadurch eignet sich die Pflanze ausgezeichnet als Bodendecker unter Sträuchern. Im April und Mai schöne, beim Aufbrechen purpurne Blüten, später leuchtend blau. Liebt trockene, kalkhaltige und steinige Böden. H × B: 35 × 80 cm.

Cardamine trifolia

✦ *CARDAMINE TRIFOLIA*: DREIBLÄTTRIGE ZAHNWURZ

MITTELEUROPA

Immergrüner Bodendecker mit dreizählig geteiltem Blatt, ledrig und dunkelgrün. Im Frühling zarte, weiße Blütentrauben an kurzen Stängeln. Durch unterirdische Rhizome breitet sich die Pflanze immer weiter aus. Extrem winterhart. H × B: 10 × 50 cm.

- ***C. quinquefolia***: ist ähnlich, jedoch mit fünfzählig geteiltem Blatt, das im Sommer abfällt, und rosafarbenen Blüten.

Cardamine quinquefolia

✦ *DICENTRA FORMOSA*: KLEINES TRÄNENDES HERZ

CHINA

Eine Herzblumen-Art, die sich durch Rhizome ausbreitet und gut als Bodendecker geeignet ist. Anmutige, blaugrüne, gefiederte Blätter. Hauptblüte zwischen Mai und Juli, erneute Blüte im August–September, herzförmig. Die Wildform blüht rosa, die Züchtung 'Bacchanal' leuchtend rot und 'Langtrees' ist weiß mit graublauem Laub. Bei sehr trockenem Sommer geht die Pflanze in Dormanz (sie zieht ein), treibt aber Ende August zur zweiten Blüte wieder aus, wenn es feuchter wird. H × B: 40 × 50 cm und mehr.

Lithospermum purpurocaeruleum

Dicentra formosa 'Bacchanal'

D. formosa 'Langtrees'

Duchesnea indica

Epimedium alpinum

Epimedium pubigerum

✦ *DUCHESNEA INDICA*: SCHEINERDBEERE

OSTASIEN

Immergrüner Bodendecker, sehr ähnlich der Wald-Erdbeere, unterscheidet sich aber durch gelbe Blüten und die stets himmelwärts gerichteten, ungenießbaren Früchte. Sehr üppig im Wuchs, kann schnell große Flächen überziehen, manchmal auch zu Ungunsten von weniger wettbewerbsfähigen Pflanzen. H × B: 15 × 100 cm und mehr.

✦ *EPIMEDIUM*: ELFENBLUME, SOCKENBLUME

Diese noch weitgehend unbekannten Pflanzen leisten im Schatten wunderbare Dienste. Man unterscheidet in der Gartengestaltung je nach Wuchsform zwei Gruppen von Arten und Züchtungen.

Bodendeckende Elfenblumen

Diese robusten Pflanzen, die ursprünglich aus Osteuropa und dem Kaukasus kommen, sind ausgezeichnete immergrüne oder halbimmergrüne Bodendecker unter Sträuchern oder in Beeten. Ihre Rhizome breiten sich langsam in alle Richtungen aus und bilden einen für unerwünschte Kräuter undurchdringlichen Teppich. Da die Frühlingsblüte oft nur gerade über die festen, herzförmigen Blätter ragt, kann man die Blätter Anfang März direkt über dem Boden abschneiden, damit die Blüten zur Geltung kommen. Die Blätter wachsen rasch nach.

Empfehlenswerte Arten und Sorten:

- ***E. alpinum***, Alpen-Sockenblume: die einzige Art, die man in Deutschland wild antrifft. Kleine rote und gelbe Blüten. H × B: 25 × 40 cm und mehr.
- ***E. pubigerum***: hat bescheidene, blassgelbe Blüten, doch die im Frühling apfelgrünen, neuen Blätter sind wunderschön. H × B: 30 × 50 cm und mehr.
- ***E. × perralchicum*** 'Froehnleiten': hat große, leuchtende Blätter in kupferroter und später dunkelgrüner Farbe, die bei Frost purpurrot anlaufen, leuchtend gelbe Blüte. H × B: 40 × 60 cm und mehr.
- ***E. × versicolor*** 'Sulphureum' ist ähnlich, hat aber schwefelgelbe Blüten. H × B: 40 × 60 cm und mehr.
- ***E. × warleyense*** 'Orange Königin': sehr wüchsige Sorte mit orange-lachsfarbenen Blüten mit gelbem Auge. H × B: 50 × 60 cm und mehr.

Zwei verschiedene Elfenblumen mit unterschiedlichem Aussehen im Winter: *Epimedium cantabrigiense* (rostfarben) und 'Froehnleiten' (grün).

Epimedium × perralchicum 'Froehnleiten'

Epimedium × warleyense 'Orange Königin' mit jungen kupferfarbenen Blättern. Im Ausschnitt die Blüte.

Epimedium 'Space Wagon'

Horstbildende asiatische Elfenblumen

Diese Arten sind bei länger anhaltender Trockenheit normalerweise etwas weniger tolerant als die vorgenannten. Als Bodendecker sind sie nicht so effizient, weil sie sich kaum auf der Fläche ausbreiten. Aber sie tragen zahlreiche große, sternförmige Blüten, die von April bis Juli oder auch länger in luftigen Blütenständen über den Blättern prangen. Hübsches, immergrünes Blatt mit gesägtem Rand, bei frischen Trieben teils rot marmoriert. Sind die Pflanzen gut angewachsen, gedeihen sie zuverlässig auf humosen, kalklosen Böden mit Laubmulchschicht. W: –15 °C (das Laub vergeht unter –10 °C).

Empfehlenswerte Arten und Sorten:

- ***E. rhizomatosum***: große, gelbe Blüten mit langen Petalen. H × B: 50 × 50 cm.
- ***E. stellulatum***: sehr zahlreiche, kleine, weiße Blüten mit gelbem Auge, lange Trauben. H × B: 50 cm × 30 cm.
- ***E. wushanense***: große, sehr blass gelbe Blüten, bei der Sorte 'Caramel' hellorange. Frisches Laub im Frühling stark marmoriert. H × B: 60 × 40 cm.
- ***E.* 'Amber Queen'**: robust, die Blüten in Kupferorange an langen Blütenstängeln. H × B: 60 × 40 cm.
- ***E.* 'Darrel'**: guter, niedrig wachsender Bodendecker mit malven- und lilafarbenen Blüten. H × B: 20 × 30 cm und mehr.
- ***E.* 'Domino'**: große, cremeweiße Blüten mit rosafarbenem Auge. H × B: 40 × 40 cm.
- ***E.* 'Mikado'**: leuchtend rote Blüten. H × B: 40 × 30 cm.
- ***E.* 'Space Wagon'**: spektakuläre zweifarbige Blüten in Gelb und Violett. H × B: 40 × 40 cm.
- ***E.* 'Spine Tingler'**: gelbe Blüten; gesägte, stechende Blattränder. H × B: 20 × 30 cm.
- ***E.* 'Tutti Frutti'**: kleine rote und gelbe Blüten mit aufragenden Blütenblättern. H × B: 30 × 30 cm.
- ***E.* 'Valor'**: Kreuzung zwischen einer asiatischen und einer kaukasischen Art mit Merkmalen von beiden. Guter Bodendecker, schwefelgelbe Blüten. H × B: 30 × 50 cm.

Gegenüber: *Epimedium* 'Mikado'

Epimedium 'Darrel'

Epimedium 'Valor'

Galium odoratum

✦ *GALIUM ODORATUM*: WALDMEISTER

EUROPA

Teppichbildender Bodendecker mit quirlständigen Blättern in leuchtendem Grün, halbimmergrün. Im Frühling von unzähligen winzigen, weißen, vierblättrigen Blüten bedeckt, die angenehm duften. Kann eine vernachlässigte Stelle unter Sträuchern rasch besiedeln, lässt sich aber leicht beherrschen, weil die feinen Wurzeln direkt unter der Oberfläche verlaufen. Nicht zu dünne Substratschicht. H × B: 20 × 60 cm und mehr.

✦ *PACHYPHRAGMA MACROPHYLLUM*: GROSSBLÄTTRIGES SCHEINSCHAUMKRAUT

KAUKASUS

Fast unbekannte Cousine des Schaumkrauts mit rundlichen, halbimmergrünen Blättern, im Vorfrühling von unzähligen weißen Blütentrauben überzogen. Eher langsamer Wuchs, doch bildet sich ein dichter, wirkungsvoller Teppich als Bodenbedeckung. Besonders attraktiv als Kolonie(n) unter laubabwerfenden Bäumen zusammen mit frühlingsblühenden Zwiebelpflanzen. Humose, leichte Böden. H × B: 20 × 30 cm.

Saruma henryi

Pachyphragma macrophyllum

Tolmiea menziesii 'Cool's Gold'.
Ausschnitt: Spreitenbasis mit Brutpflänzchen.

✦ *SARUMA HENRYI*: HERZBLATTWURZ

CHINA

Bislang kaum verbreitet, bildet diese Art ein robustes sommergrünes Büschel mit großen, flaumig behaarten, dreieckigen Blättern, beim Austrieb purpurn und später dunkelgrün. Von April bis September kleine, schwefelgelbe Blüten mit drei Blütenblättern. Vermehrt sich bei günstigen Verhältnissen. Humoser, nicht zu schwerer Boden. Der Botanische Name ist ein Anagramm von „Asarum", eine Gattung, die zur gleichen Pflanzenfamilie gehört. H × B: 50 × 30 cm.

✦ *TOLMIEA MENZIESII*: HENNE MIT KÜKEN

NORDAMERIKA

Schöner halbimmergrüner Bodendecker, ähnlich wie eine niedrig wachsende *Heuchera*, oft als Zimmerpflanze gehalten. Diese Art kann an der Basis des Blattes kleine Pflänzchen bilden, daher auch der amüsante umgangssprachliche Name Lebendblatt oder Henne mit Küken. Vermehrt sich schnell. Das Blatt von 'Taff's Gold' ist hellgelb gestreift, 'Cool Gold' ist völlig goldgrün. Nährstoffreiche Böden unter Sträuchern oder Bäumen. H × B: 30 × 30 cm.

✦ *WALDSTEINIA TERNATA*: DREIBLÄTTRIGE WALDSTEINIE

OSTEUROPA BIS OSTASIEN

Bodendecker vom Aussehen einer Erdbeere mit immergrünen, stark gezähnten, dreiteiligen Blättern. Frühlingsblüte leuchtend gelb. Langsamer Wuchs, bildet im Laufe der Zeit eine für Unkraut undurchdringliche Matte. Perfekt für schwierige, etwas vernachlässigte Stellen. Nicht zu schwere Böden. *W. geoides* ist sehr ähnlich, doch das Blatt nicht so stark gelappt. H × B: 15 × 50 cm und mehr.

Waldsteinia ternata

ZEITWEISE TROCKENHEITS-VERTRÄGLICH

- *Fragaria vesca*: Wald-Erdbeere
- *Saxifraga stolonifera*: Judenbart

KURZLEBIGE STAUDEN

Sie vermehren sich (teilweise reichlich) durch Sämlinge, sind aber an schwierigen Standorten immer willkommen. Man beachte, dass die von selbst aufgegangenen Pflanzen die Trockenheit besser vertragen als ausgepflanzte Individuen.

✦ *CORYDALIS OPHIOCARPA*: LERCHENSPORN

HIMALAYA

Ein zweijähriger Lerchensporn mit graugrünem, stark gefiedertem Blatt, ähnlich einem Farn. Er bildet ein lockeres Büschel, das sich zwischen anderen Pflanzen setzen lässt. In mildem Klima immergrün. Im April und Mai schöne lange und elegante, aber leicht knickende Blütenstängel mit hellgelben Blüten, die Lippen purpurn. Blüte an den zweijährigen Trieben. Sät sich leicht aus und sichert so den Fortbestand im Garten. Nährstoffreicher, humoser Boden. H × B: 30 × 50 cm.

✦ *LUNARIA ANNUA* (= *L. BIENNIS*): EINJÄHRIGES SILBERBLATT

EUROPA

Diese gut bekannte, entgegen ihrem Namen zweijährige Pflanze bildet im zweiten Standjahr zwischen April und Ende Mai einen Stängel mit duftenden Blüten in Malvenrot oder Rosa, danach große, rundlich-flache Früchte, die nach dem Trocknen sehr attraktiv weil quasi durchsichtig sind. Man sollte nicht alle pflücken, damit die Pflanze sich versamen kann. Große, gezähnte, herzförmige Blätter. Liebt alkalische Böden und bildet eine dekorative Bühne unter Laubgehölzen. H × B: 80 × 40 cm.
Es gibt weiß blühende Züchtungen und Sorten mit panaschiertem Laub, die sehr schattige Stellen aufhellen.

Weitere empfehlenswerte Art:
- ***Lunaria rediviva***, Ausdauerndes Silberblatt oder Mondviole: gleicht der vorgenannten Art, ist aber eine echte Staude. Die Früchte sind länglich und angespitzt, ebenfalls als Trockenblume zu verwenden.

Gegenüber: *Lunaria annua*

Corydalis ophiocarpa

Lunaria rediviva

Meconopsis cambrica

✦ *MECONOPSIS CAMBRICA*: PYRENÄEN-SCHEINMOHN

FRANKREICH, SPANIEN, GROSSBRITANNIEN

Europäischer Mohn mit kurzlebigen, knitterigen Blüten, der von Mai bis August ständig in leuchtendem Gelb oder Orange blüht. Dichtes Büschel gefiederter Blätter. Nicht ausdauernd, sät sich aber leicht aus. Im Gartenbau viele Sorten: rot blühend, gefüllte Blüten usw. Wegen seiner Pfahlwurzel schlecht umzupflanzen. H × B: 40 × 20 cm.

✦ *TELLIMA GRANDIFLORA*: FALSCHE ALRAUNENWURZEL

NORDAMERIKA

Cousine der *Heuchera*, verträgt die Nähe von Sträucher-Wurzelwerk jedoch besser als jene. Dichte Büschel immergrüner, faltiger Blätter, dunkelgrün und bei Frost purpurn überlaufen. Aufrechte Stängel mit kleinen, grünlich weißen Blüten, April bis Juni. Sät sich leicht aus. H × B: 60 × 40 cm.

Meconopsis cambrica var. *aurantiaca*, hier mit ungefüllten, orangefarbenen Blüten.

Gegenüber: *Tellima grandiflora*

LANGLEBIGE STAUDEN

Diese Arten bilden eine solide Grundlage für Pflanzungen im Dauerschatten auf längerfristig trockenen Böden. Man setzt sie am besten im Spätsommer, damit sie beim Anwurzeln vom herbstlichen Regen profitieren können. Die Auswahl an Arten, die unter solch schwierigen Bedingungen wachsen können, ist allerdings nicht sehr groß.

✦ *ACTAEA ALBA*: WEISSFRÜCHTIGES CHRISTOPHSKRAUT

NORDAMERIKA

Ein Büschel sommergrüner, gefiederter Blätter, von Mai bis Juni mit langen Trauben kleiner, weißer Blüten. Vor allem die (giftigen) weißen Früchte an langen, roten Stielen sind für diese Art charakteristisch. Liebt humosen Boden, geeignet für die Pflanzung im Unterholz. Die Sorte 'Misty Blue' hat wunderschöne metallisch blaue Blätter. H × B: 80 × 60 cm.

✦ *ASPIDISTRA ELATIOR*: GEWÖHNLICHE SCHUSTERPALME

OSTASIEN, MITTELAMERIKA

Normalerweise als anspruchslose Zimmerpflanze gepriesen, kann diese Art mit ihrem exotischen Look vielerorts auch draußen gehalten werden. Lange, eiförmig-lanzettliche Blätter, bei mildem Klima immergrün, an einem aufrechten Stiel. Der Horst breitet sich sehr langsam durch kurze Rhizome aus. Vor frostigem Wind schützen, der die Blätter ruiniert.

Empfehlenswerte Sorten:
'Okame' (= 'Variegata'): Blätter mit cremeweißen Längsstreifen; 'Milky Way' mit gelb getupften Blättern; 'Asahi' mit elfenbeinweißen Blattspitzen. H × B: 50 × 60 cm.

Gegenüber: *Actaea* 'Misty Blue'

Actaea alba

Aspidistra elatior

Aspidistra elatior 'Okame'

Aspidistra elatior 'Milky Way'

Brunnera macrophylla 'Alexander's Great'

✦ *BRUNNERA MACROPHYLLA*: GROSSBLÄTTRIGES KAUKASUSVERGISSMEINNICHT

KAUKASUS

Hübsche, dem Vergissmeinnicht ähnliche Pflanze mit leuchtend blauen, zarten Blüten im April und Mai. Züchtungen mit attraktiven, großen, herzförmigen Blättern. Guter Bodendecker auf humosen Böden. Bei schweren oder zu sauren Böden verringert sich die Lebenspanne beträchtlich. H × B: 40 × 50 cm.

Empfehlenswerte Sorten:

- 'Jack Frost': silbrig marmoriertes Blatt.
- 'Looking Glass': vollständig silbriges Blatt.
- 'Mr. Morse': wie 'Jack Frost', aber weiß blühend.
- 'Alexander's Great': wie 'Jack Frost', aber sehr große Blätter (20 cm).
- 'Dawson's White': weiß panaschiertes Blatt.
- 'Green Gold': goldfarben schimmerndes Blatt.

✦ *DORONICUM PARDALIANCHES*: KRIECHENDE GÄMSWURZ

EUROPA

Wuchernde, aber beherrschbare Art, die sich durch knollige Rhizome ausbreitet. Von April bis Juni gelbe „Margeriten"-Blüten. Das apfelgrüne Laub zieht im Sommer ein, treibt im Herbst wieder aus und überwintert. Sehr interessanter Bodendecker für Gehölze. H × B: 80 × 60 cm und mehr.

Brunnera macrophylla 'Looking Glass'

Doronicum pardalianches

Gegenüber: *Brunnera macrophylla* 'Jack Frost'

Geranium phaeum 'Samobor'

✦ *GERANIUM*: SCHATTENLIEBENDE STORCHSCHNABEL-ARTEN

EUROPA

Folgende Storchschnabel-Arten und -Sorten gedeihen nur im Schatten gut.

- ***G. nodosum***, Knotiger Storchschnabel: bildet mit seinen Rhizomen dichte Büschel und ist halbimmergrün, das Blatt glänzend. Blüten der Wildform malvenrosa, bei 'Clos du Coudray' violett und bei 'Silverwood' reinweiß und hell leuchtend. Vermehrt sich leicht und besiedelt auch ungünstige Stellen. Zweifellos der beste Storchschnabel für den Schatten. H × B: 30 × 50 cm.
- ***G. phaeum***, Brauner Storchschnabel: eine halbimmergrüne Art mit oft purpurn überlaufenen Blättern. Im Mai und Juni an der Spitze verzweigter Stängel kleine, purpurviolette Blüten mit langen Staubgefäßen. Vermehrt sich leicht, wobei unterschiedliche Blattfärbungen entstehen können. 'Samobor' ist ein Klassiker mit intensiv purpurnen Blüten, 'Alba' ist reinweiß. H × B: 60 × 40 cm.
- ***G. sylvaticum***, Wald-Storchschnabel: bildet kräftige, sommergrüne Büschel mit großen, gelappten Blättern. Von Mai bis Juli schöne malvenfarbene Blüten mit weißem Grund, bei 'Mayflower' eher bläulich und bei 'Alba' weiß. Sät sich nicht so üppig aus wie die vorgenannten Arten. Eher humoser Boden. H × B: 50 × 40 cm.

Geranium nodosum 'Le Clos du Coudray'

Geranium nodosum 'Silverwood'

Geranium sylvaticum

Geranium sylvaticum 'Mayflower'

Helleborus argutifolius

Helleborus foetidus

✦ *HELLEBORUS*: CHRISTROSE, NIESWURZ

Sie sind die absoluten Champions für die Gehölzunterpflanzung an trockenen, kalkhaltigen Stellen. Mit ledrigen, immergrünen Blättern sorgen sie sogar im Winter für eine architektonische Note, während sie zugleich blühen. Leichte Vermehrung durch Aussaat.

- ***H. argutifolius*** (Syn. *H. lividus* var. *corsicus*), Korsische Nieswurz: an den großen, robusten Stängeln mit gezähntem, dreizähligem Blatt in bläulichem Grün zu erkennen. Hellgrüne Blüten von Januar bis März. Empfindlich bei winterlicher Nässe und kaltem Wind, verträgt sich aber mit Wurzelwerk, sogar unter Nadelbäumen. H × B: 90 × 80 cm. W: –12 °C.
- ***H. × sternii*** (*H. argutifolius* × *H. lividus*): niedriger und purpurn gezeichnet. H × B: 50 × 30 cm.
- ***H. foetidus***, Stinkende Nieswurz: große Blätter, die mehr oder weniger tief geteilt sind, von Februar bis April große, grünlich gelbe Blüten, danach attraktive aufgeblasene Früchte. Verwildert im schattigen Unterholz, wo die Baumwurzeln für gute Dränage sorgen. H × B: 60 × 50 cm.

Hauptsächlich verbreitete Sorten:

- 'Red Silver': metallisch blaues Blatt und purpurn überlaufene Stiele.
- 'Chedglow': goldfarbenes Laub, reich an Nachkommen.

Helleborus foetidus, Wildform mit sehr schmalem Blatt.

Helleborus 'Red Silver'

Strobilanthes penstemonoides

Iris 'Citrina'. Das Blatt verströmt beim Reiben einen angenehmen Duft, daher auch der Sorten-Name. Rechts die Frucht.

✦ *STROBILANTHES PENSTEMONOIDES*: ZAPFENBLUME

CHINA

Große Staude mit spitz zulaufenden, stark geäderten, rauen Blättern. Von August bis Oktober violette Blüten. Sollte vor frostiger Zugluft geschützt stehen, verträgt aber Baumwurzeln in unmittelbarer Nähe. Nährstoffreicher, humoser Boden. H × B: 1 × 1 m.

✦ *IRIS FOETIDISSIMA*: ÜBELRIECHENDE SCHWERTLILIE

EUROPA

Große immergrüne und sehr robuste Schwertlilie, die auch im Wurzelbereich von Bäumen wächst. Zwischen Mai und Juli hübsche, aber kurzlebige, malvenfarbene Blüten, im Spätsommer gefolgt von bemerkenswerten Kapseln mit leuchtend orangeroten Früchten, die lange hängen. H × B: 60 × 50 cm.

Hauptsächlich verbreitete Sorten:

- 'Citrina': kupfergelbe Blüten.
- 'Variegata': weiß panaschiertes Blatt.
- 'Paul's Gold': Blätter und Fruchtkapseln goldschimmernd, sät sich stark aus.

✦ *IRIS LAZICA*

Kaum bekannte Schwertlilie mit großen, blauvioletten Blüten, Mittelstreifen gelb, Februar bis April, ähnelt *I. unguicularis*, doch breitere Blätter und dichte Büschel. Sehr winterhart und daher gut als Ersatz für *I. unguicularis* in kalten Regionen geeignet. Ausgezeichnet für Steingärten oder trockene, steinige Rabatten. H: 20–30 cm.

Iris 'Variegata'

Iris 'Paul's Gold'

Iris lazica

FARNE

Auch wenn Farne im Allgemeinen frische Böden lieben, vertragen viele Arten zeitweise auch Trockenheitsphasen ganz gut. Mit der Rückkehr des Regenwetters wachsen Farne im Spätsommer nochmals spektakulär. Nährstoffreiche, humose Böden. Wenige Arten vertragen Staunässe an der Basis.

✦ *CYRTOMIUM* (= *POLYSTICHUM*): MONDSICHEL-FARN

JAPAN

- ***C. falcatum***: große Wedel mit skulpturalem Look, leuchtend grün, spitze Fiederblättchen. Oft als Gewächshaus- oder Zimmerpflanze kultiviert, aber besser winterhart als man annehmen könnte, sollte aber einen geschützten Platz haben. Bei mildem Klima immergrün. H × B: 60 × 70 cm, W: –10 °C.
- ***C. fortunei* var. *clivicola***: ähnelt dem Vorgenannten, die Wedel aber eher blassgrün und matt. Noch besser frostverträglich, ein geschützter Standort ist dennoch vorteilhaft. So bleiben die Wedel schöner. H × B: 60 × 70 cm.

✦ *DRYOPTERIS*: WURMFARN

Die meisten Arten dieser Gattung wachsen in dichten Horsten aufrechter Wedel. Auf frischen Böden moderat sonnenverträglich. Alle hier aufgeführten Arten sind sehr winterhart (–15 °C und darunter) und vertragen alkalische Böden.

- ***D. cycadina***: eine japanische Art mit malerischen, dunklen, fast schwarzen Trieben. Oft fälschlich als *D. atrata* im Handel. H × B: 60 × 30 cm.
- ***D. erythrosora***, Rotschleier-Wurmfarn: eine asiatische Art mit prächtigen, dreieckigen Wedeln, beim Entrollen erst kupferorange und später leuchtend grün, breitwüchsig. Zahlreiche, sich kaum unterscheidende Sorten. H × B: 50 × 60 cm.

Gegenüber: *Cyrtomium fortunei* var. *clivicola*

Dryopteris cycadina

Dryopteris erythrosora

Dryopteris filix-mas

Dryopteris wallichiana

Dryopteris sieboldii

Polypodium vulgare

- ***D. filix-mas***, Gewöhnlicher Wurmfarn: die häufigste Wildform, extrem winterhart und von beachtlicher Größe. Vermehrt sich leicht bei günstigen Bedingungen. H × B: 100 × 80 cm.
- ***D. sieboldii***: ein atypischer Wurmfarn aus Japan mit immergrünen, ledrigen und kaum gefiederten Wedeln, exotisches Aussehen. Trotzdem wie seine Verwandten ausgesprochen winterhart. Breitet sich langsam durch Rhizome aus. H × B: 50 × 60 cm.
- ***D. wallichiana,*** Gebirgs-Wurmfarn: ursprünglich aus dem Himalaya stammend, wunderschöne Wedel mit rötlich geschuppten Sprossen und dazu kontrastierenden zartgrünen, spitzen Blättchen. H × B: 70 × 40 cm.

✦ *POLYPODIUM*: TÜPFELFARN

Farne mit dicken, grünlichen Rhizomen, die an der Erdoberfläche oder auf Stämmen und Felsen wachsen. In Regionen mit hoher Luftfeuchtigkeit leben sie als Epiphyten, vertragen aber auch Phasen der Trockenheit.

- ***P. vulgare***, Engelsüß: ein kleiner heimischer Farn mit länglichen, kaum gefiederten Wedeln, die Blättchen sind ledrig und am Ende rundlich. Bildet ein breites, kriechendes Rhizom aus, das sich langsam ausdehnt und sogar in wenigen Zentimetern Substrat auf alten Mauern oder toten Baumstämmen gedeiht. Mit Ausnahme von extremem Frost immergrün. Liebt Kalkböden. H × B: 25 × 50 cm.
- ***P. cambricum***, Südlicher Tüpfelfarn: ist sehr ähnlich, hat spitzere Wedel und kommt aus dem Süden. Zieht oft im Sommer ein, um mit den ersten herbstlichen Regenfällen wieder auszutreiben und mit Laub zu überwintern. H × B: 25–50 × 30–50 cm.
- ***P. interjectum***, Gesägter Tüpfelfarn: liegt irgendwo zwischen den beiden Vorgenannten und unterscheidet sich kaum.

  Hauptsächlich verbreitete Sorten:
  - 'Macrostachyon': sehr lang angespitzte Wedel.
  - 'Whitley Giant': sehr wüchsig.
  - 'Richard Kayse': eine sehr alte Sorte mit tief gezähnten Fiederblättchen.

Polypodium 'Macrostachyon'

Polypodium 'Whitley Giant'

Polypodium interjectum

Polystichum munitum

Polystichum polyblepharum

✦ *POLYSTICHUM*: SCHILDFARNE

Farne mit immergrünen Wedeln in ausladender Gestalt, breiter als hoch und sehr winterhart. Einzig nötige Pflege ist das Entfernen abgestorbener Wedel. Liebt nährstoffreiche, auch schwere Böden, solange sie gut dräniert sind.

- ***P. munitum***, Schwertfarn: ist eine Ausnahme, weil er mit den festen, dunkelgrünen und nahezu senkrecht aufragenden Wedeln den Wurmfarnen ähnelt. 60–80 × 30–50 cm.
- ***P. polyblepharum***, Japanischer Schildfarn: ledrige Wedel in leuchtendem Grün, später nachdunkelnd. Geschuppte, braune Rachis. Ausladender Wuchs mit ca. 60 × 80 cm.
- ***P. neolobatum:*** breite, glänzende Wedel mit spitzen Zähnen. Schöne Rachis mit großen, rostroten Schuppen.
- ***P. setiferum***, Weicher Schildfarn: hat, wie der Name dieser heimischen Art bereits anklingen lässt, junge Triebe mit weich-seidiger Rachis. Die Statur ist konisch ausladend. 50 × 80 cm. Die Auslesen ‘Herrenhausen’, ‘Plumosum Densum’ oder ‘Proliferum’ haben zarte, gefiederte Wedel, die einen duftigen Anblick bieten.
- ***P. tsus-simense***: eine kleine, sehr anmutige Art mit dunkelgrünen, dreieckigen Wedeln, deren Rachis von dunklen Schuppen bedeckt ist. 40 × 50 cm.

Polystichum neolobatum

Polystichum tsus-simense

Polystichum setiferum

Polystichum setiferum 'Herrenhausen'

Polystichum setiferum (junge Wedel).

GRÄSER UND GRASFÖRMIGES FÜR DEN SCHATTEN

Es gibt nur wenige echte Gräser (Poaceae), die im trockenen Schatten gut gedeihen. Dagegen eignen sich einige grasförmige Pflanzen vorzüglich. Man kann die Gräser also ersetzen.

✦ *HAKONECHLOA MACRA*: JAPANGRAS
JAPAN

Sehr elegantes Gras mit feinen, bogenförmig überhängenden Blättern, laubabwerfend. Langsamer Wuchs, die Pflanze benötigt einige Jahre, um einen dichten, sehr widerstandsfähigen Horst auszubilden. Leichter, humoser Boden. H × B: 40 × 60 cm.

Hauptsächlich verbreitete Sorten:
- 'Aureola': Blätter grün und gelb.
- 'All Gold': Blätter vollständig goldfarben.
- 'Nicolas' und 'Beni-kaze': im Herbst rot gefärbt.

✦ *MELICA NUTANS*: NICKENDES PERLGRAS
EURASIEN

Kleines Gras, das auf steinigen Flächen unter Gehölzen wächst. Bildet dünne Büschel mit feinen, überhängenden Ähren. Vermehrt sich durch Rhizome, gelegentlich durch Samen. Nicht zu dünne Substratschicht. H × B: 25 × 30 cm.

✦ *CAREX MORROWII* 'ICE DANCE': JAPAN-SEGGE
JAPAN

Diese Form von *C. morrowii* bildet immergrüne, ausladende Horste mit weiß panaschierten Blättern. Ein ausgezeichneter, sich langsam ausbreitender Bodendecker unter Hecken oder an Beeträndern. Uninteressante Blüte. H × B: 20 × 50 cm und mehr.

Weitere empfehlenswerte Art:
- ***C. sylvatica***, Wald-Segge: bei uns in Gehölzen heimische Art mit langen, smaragdgrünen, linealischen, gekielten Blättern. Bildet einen halbimmergrünen Horst, der sich nicht ausbreitet. Perfekt für naturalistische Gartengestaltung. Sät sich gelegentlich aus. Nicht zu schwerer Boden. H × B: 30 × 50 cm.

Gegenüber: *Hakonechloa macra* 'Aureola'

Melica nutans

Carex 'Ice Dance'

Luzula sylvatica

Reineckea carnea

✦ *LUZULA SYLVATICA*: WALD-HAINSIMSE

EUROPA

Bodendecker mit leuchtend grünen, am Rand borstigen, relativ langen Blättern in dichten, immergrünen Horsten. Aufrechte, etwas lockere, wolkige Blütenstände. Die Mitte des Horstes fällt im Lauf der Zeit etwas ein, eine gelegentliche Teilung schafft aber Abhilfe. 'Solar Flare' ist eine Sorte mit grüngoldfarbenem Laub, insbesondere bei Kälte. H × B: 30 × 60 cm.

✦ *LIRIOPE MUSCARI*: HORSTBILDENDE LIRIOPE

CHINA, USA

Schöner, wie ein Gras aussehender Bodendecker für Rabatten mit langen, weiß gebänderten Blättern, immergrün. Von August bis Oktober treiben schlanke, violette Blütentrauben aus den Horsten, danach entwickeln sich wunderbare, ebenfalls violette, runde Früchte, die lange hängen. Langsames Wachstum, jedoch sehr robust, sofern die Pflanze gut angewachsen ist. Boden eher humos. H × B: 30 × 40 cm.

- 'Ingwersen': wuchskräftig und blühfreudig.
- 'Gold Banded': Blätter mit goldfarbenem Rand.
- 'Monroe White': weiße Früchte.
- 'Okina': Blattspitzen im Frühling weiß.
- ***L. spicata***, Lockerwüchsige Liriope: ist ähnlich, ihre Ähren aber kürzer, im Laub verborgen.

✦ *REINECKEA CARNEA*: REINECKIE

CHINA

Ein Horst mit langen, grasähnlichen Blättern, immergrün, flach unter dem Erdboden wachsendes Wurzelwerk. Im September und Oktober kleine, unspektakuläre, rosafarbene Blüten an der Basis der Blattspreiten. Langsames Wachstum, es dauert Jahre, bis ein dichter Horst entsteht, aber die die Pflanze ist sehr widerstandsfähig. Durch häufige Teilung kann man die Zahl der Austriebe erhöhen. Man kann sie ungehindert zwischen anderen Pflanzen wachsen lassen. Humose und sogar lehmige Böden. H × B: 25 × 50 cm und mehr.

Gegenüber: *Liriope muscari* 'Ingwersen'

KLETTERPFLANZEN

Diese Pflanzen sind geeignet, um Mauern auf der Nord- und Ostseite oder die Stämme von großen Solitären sowie in Wäldchen zu verschönern. Den im Kapitel „Halbschatten“ beschriebenen Efeu kann man natürlich noch hinzuzählen.

✦ *EUONYMUS FORTUNEI* VAR. *RADICANS*: KLETTERNDER SPINDELSTRAUCH

Sträucher mit langen, biegsamen Trieben, die sich beim Klettern mit kleinen Haftwurzeln festhalten. Sobald die Triebe verholzen, verschwinden die Haftwurzeln. Man kann mit dem Strauch Baumstämme oder schattige Mauern verkleiden. Zahlreiche Sorten mit farbigem Laub. H × B: 3 × 2 m.

Empfehlenswerte Sorten:
- 'Emerald'n Gold': gelb marmoriertes Blatt.
- 'Emerald Gaiety': weiß marmoriertes Blatt.
- 'Gold Spot', 'Blondy': in der Mitte gelb gefärbtes Blatt.

✦ *HYDRANGEA ANOMALA* SUBSP. *PETIOLARIS*: KLETTERNDE HORTENSIE

OSTASIEN

Zart duftende Blütenstände in Form flacher, weißer Scheiben von Mai bis Juli. Elliptische oder eiförmige, zartgrüne Blätter, die bei Nacktschnecken beliebt sind; im Herbst goldfarben. In den ersten Jahren langsamer Wuchs, aber elegante Verhüllung unschöner Mauern oder großer Bäume, wenn die Pflanze eingewöhnt ist. Sie nutzt Haftwurzeln wie der Efeu, um sich an ihrem Träger festzuhalten. Man kann sie auch zum Bodendecker erziehen. Günstigste Ausrichtung ist der Nordwesten. Tiefer, nährstoffreicher Boden. H × B: 3–8 × 3 m.
- 'Firefly' MIRRANDA: grell grün panaschiertes Laub.

Gegenüber: Ein gemischter Bestand von Spindelsträuchern ('Emerald Gaiety') und panaschiertem Efeu mit Anpassung an Schatten und Trockenheit.

Hydrangea 'Firefly' MIRRANDA

Blühende *Hydrangea petiolaris.*

Schizophragma hydrangeoides

Holboellia latifolia

✦ *SCHIZOPHRAGMA HYDRANGEOIDES*: SPALTHORTENSIE

OSTASIEN

Enge Verwandte der Kletternden Hortensie mit dunkelgrünem Blatt, von Juni bis August duftige Blüten in flachen Scheindolden mit langen, weißen Brakteen, zahlreicher als bei *Hydrangea anomala* subsp. *petiolaris*. Triebe nicht so kräftig wie Letztgenannte. H × B: 8 × 3 m, W: –15 °C und darunter.

- 'Moonlight': silbrig marmoriertes Blatt.
- ***S. integrifolium***: sehr ähnliche Art mit blasserem Laub. Im Juli–August riesige Blütenstände, aber sehr empfindlich bei Spätfrost.

✦ *HOLBOELLIA LATIFOLIA*

OSTASIEN

Wenig bekannte, schöne und elastische, exotische Liane, trotzdem winterhart. Das zusammengesetzte Blatt besteht aus 5–9 eiförmigen Fiederblättchen, die von extremem Frost abgesehen immergrün sind. Die Pflanze trägt im April und Mai intensiv duftende, kleine gelbgrüne Blüten (männlich) und malvenfarbene Blüten (weiblich).Tiefer Boden. H × B: 5 × 2 m.

- ***H. coriacea***: dreizählig geteilte Blätter, Blüten rötlich, ansonsten gleiches Aussehen.

Gegenüber: *Schizophragma integrifolium* (in Vasterival, Frankreich).

STRÄUCHER

Die widerstandsfähigsten Sträucher für trockene Schattenstandorte haben eines gemeinsam: Sie sind immergrün. Sie bleiben damit immer „aktiv" und können auch im Winter Fotosynthese betreiben, wodurch sie die für ihre Entwicklung nötigen Zuckermoleküle speichern, solange die Witterung feucht und frostfrei ist.

Aucuba himalaica var. *dolichophylla*

✦ *AUCUBA JAPONICA*: JAPANISCHE AUKUBE

CHINA, JAPAN

Wachsartig überzogenes, immergrünes Laub und kleine, purpurne Blüten, danach auf den weiblichen Exemplaren giftige, rote Beeren. Einer der seltenen Sträucher, der im trockenen Schatten hoher Bäume gedeiht und dem die Umweltverschmutzung kaum etwas ausmacht. Durch langsames Wachstum gut für kleine Flächen geeignet. Extrem schnittverträglich, obwohl der natürliche Wuchs schöner ist. 'Variegata' und 'Crotonifolia' sind Gartenklassiker mit gelb gefleckten Blättern, die an schattigen Plätzen geradezu leuchten. H × B: 2 × 2 m. W: –15 °C.

- ***A. himalaica* var. *dolichophylla*** ist eine anmutige Art mit schmal länglichem, fein gelb getupftem Blatt, moderate Wuchsgröße von 1,5–2 m nach 10 Jahren.

✦ *DANAE RACEMOSA*: ALEXANDRINISCHER LORBEER

KAUKASUS, VORDERER ORIENT

Zu Unrecht verkannter kleiner Strauch in der Optik einer riesigen Spargelstaude mit vielen Vorteilen: extreme Robustheit; lange, leuchtend grüne Triebe, die bogig überhängen, sehr grafisch; das Laub, genauer die abgeflachten Triebe immergrün. Die Blüte im Juni ist unauffällig weiß, danach aber dicke, orangerote Früchte. Langsamer Wuchs. Man muss nur die abgestorbenen Triebe gelegentlich direkt über dem Boden zurückschneiden. H × B: 1 × 1 m.

Danae racemosa

Gegenüber: *Aucuba japonica* 'Variegata'

Fatsia japonica

✦ *FATSIA JAPONICA*: ZIMMERARALIE

OSTASIEN

Ein Strauch mit sehr exotischem Aussehen, den man an geschützten Stellen mit gut dränierten Böden draußen kultivieren kann. Raue Stängel mit handförmig geteiltem, glänzendem und ledrigem Blatt (30 cm lang), immergrün. Nektarreiche, pompomförmige Blüten von September bis November, danach kugelige, schwarze Früchte. 'Spider Web' hat weiß marmoriertes Laub, geringes Wachstum. H × B: 1,5–3 × 1–3 m. W: –15 °C.

Fatsia japonica

Gegenüber: *Fatsia japonica* 'Spider Web'

Mahonia repens

Mahonia aquifolium

Mahonia nitens

✦ *MAHONIA*: MAHONIEN

OSTASIEN

Alle Mahonienarten wachsen besser im Schatten als in der Sonne, auch wenn sie stundenweise etwas Sonne vertragen. Sie haben immergrüne, zusammengesetzte Blätter, die Anzahl der Teilblätter variiiert und die Ränder sind mehr oder weniger stachelig. Blütenstände in Form gelber, nektarreicher Trauben, endständig; Blütezeit je nach Art und Züchtung vom Herbst bis in den folgenden Frühling. Nicht zu kalkhaltiger Boden. W: –15 °C.

- ***M. aquifolium***, Gewöhnliche Mahonie: relativ lange, stechende, dunkle Teilblätter, die sich im Winter purpurn färben. Auffällige, duftende Blüte von März bis April, die dichten Blütenstände endständig an den Trieben. Wuchert etwas. H × B: 0,8 × 1,5 m.
  - 'Appolo': sehr üppige Blüte, kompakt. 1 m.
- ***M. repens***, Kriechende Mahonie: vergleichbar, aber vom Wuchs her eher ein Teppich (30–50 cm hoch). Ausgezeichneter Bodendecker.
- ***M. eurybracteata* 'Minganpi' SWEETWINTER**: originell und elegant, die Teilblätter zart und nicht stachelig. Von November bis Januar aufrechte, gelbe Blütentrauben. Sorgt für exotischen Touch. 'Soft Caress' sieht gleich aus, ist nicht so winterhart. H × B: 1,2 × 1 m.
- ***M. nitens***: kompakte, dichtwüchsige Art mit apfelgrünen Teilblättern. Für die Gattung ungewöhnliche Blütentrauben mit roten Knospen und nach dem Öffnen orangefarben. Blüte im September–Oktober. Langsames Wachstum. H × B: 100 × 60 cm.
- ***M. japonica***, Japanische Mahonie: ein dichter, horstiger Busch mit ca. 30 cm langen, paarig gefiederten Blättern, 4 oder 6 Teilblätter. Winterliche Blüte zwischen Dezember und März mit intensivem Maiglöckchenduft. 'Hivernant' ist eine Auslese mit gedrungener Gestalt (1,5 m hoch) und hellgelben Blüten. *M. bealei* ist ähnlich, hat aber 6–10 Teilblätter-Paare. H × B: 2 × 2 m.
- ***M. × media***: Kreuzung aus *M. japonica* und *M. lomariifolia,* trägt zwischen Dezember und Februar sehr lange, überhängende Blütentrauben, die leider kaum duften. 'Charity' gehört zu den blütenreichsten Auslesen. H × B: 2,5 × 2 m.

Rechts: *Mahonia × media*

Mahonia japonica

Ilex aquifolium

Osmanthus heterophyllus 'Allgold'

WEITERE STRÄUCHER FÜR TROCKENE SCHATTENPLÄTZE

✦ *ILEX AQUIFOLIUM*: GEWÖHNLICHE STECHPALME

EURASIEN

Heimischer Strauch oder kleiner Baum mit ledrigen, dornig gezähnten Blättern. Anfangs gestreckt aufrechte Statur, später rundlich. Ilex wird sehr alt, wächst aber während der ersten Jahre sehr langsam. Sehr anpassungsfähig, auch wenn er tiefe, kalkarme Böden und nicht zu starke Hitze bevorzugt. H × B: 8 × 4 m. Die Stechpalme ist diözisch, man benötigt also ein weibliches Individuum und in der Nähe ein männliches, um im Herbst die schönen, leuchtend roten Früchte zu bekommen.

Hauptsächlich kultivierte Sorten:

- 'Alaska': selbstbefruchtende, stachelige Sorte, aufrecht-pyramidenförmige Statur, schnell wachsend.
- 'J.C. Van Tol': kräftig, kaum stachelig, selbstbefruchtend.
- 'Madame Briot': weibliche Pflanze, gelb geränderte Blätter.
- 'Argentea Marginata Pendula': weiblich, buschig überhängend, Blätter cremeweiß umrandet.
- 'Handsworth New Silver': kompakte weibliche Sorte.
- 'Myrtifolia': männlich, mit kleinen, stacheligen Blättern, langsam wachsend (2,5 m hoch).
- 'Bacciflava': weiblich, gelbe Früchte.

Kreuzungen:

- *I. aquifolium* × *I. perado* = *I.* × *altaclerensis*, rasch wachsend, die Blätter kaum stachelig.
  - 'Golden King', 'Belgica Aurea': weiblich, Blätter gelb umrandet.
  - 'Cameliifolia': weiblich, Blätter eiförmig und kaum stachelig.
  - 'Lawsoniana': weiblich, Blattmitte goldfarben und hellgrün panaschiert.

✦ *OSMANTHUS*: DUFTBLÜTE

CHINA, JAPAN

Immergrüne Sträucher mit dunkelgrünem Blatt und oft cremeweißen, duftenden Blüten. Sehr gut schnittverträglich, daher als Heckenpflanze oder Solitär geeignet, auch wenn sie sich nur langsam entwickeln. Sehr winterhart, sollte aber vor eisigem Wind geschützt stehen. H × B: 2 × 1,5 m.

- ***O. heterophyllus***, Stachelblättrige Duftblüte: hat ein ganzrandiges oder entfernt gezähntes Blatt, kaum stechend, lässt an Ilex denken. Blüte von September bis November, nach Jasmin duftend.
  Handelsübliche Sorten:
  - 'Goshiki' (= 'Tricolor'): unregelmäßig gelb, elfenbeinweiß und hellgrün panaschiert, junge Triebe kupferfarben.
  - 'Purpureus': purpurn im Austrieb.
  - 'Gulftide': aufrechter, dichter Wuchs; stechende Blätter.
  - 'Allgold': goldenes Laub (nicht vollsonnig setzen).

- ***O. × burkwoodii***, Burkwoods Duftblüte: hat ovale, schwach gezähnte Blätter und blüht im April–Mai mit lieblichem Duft. Falls erwünscht, begünstigt der Schnitt einen dichteren Wuchs. Verträgt Kalkgründe besser als *O. heterophyllus*.

Osmanthus heterophyllus

Osmanthus × burkwoodii

Phillyrea angustifolia

Ruscus aculeatus.
Im Ausschnitt: Frucht.

Ribes laurifolium

✦ *PHILLYREA ANGUSTIFOLIA*: SCHMALBLÄTTRIGE STEINLINDE

MITTELMEERREGION

Immergrüner, stark verzweigter und dichter Strauch mit schmal länglichen, ledrigen Blättern in dunklem Grün, die an einen kleinen Olivenbaum erinnern (gleiche Pflanzenfamilie). Im Frühling unauffällige, weiße, duftende Blüten, im Herbst kleine, schwarze Beeren. Exzellenter Wind- und Sichtschutz, schnittverträglich. Liebt mediterranes Klima, passt sich aber auch in kühleren Regionen gut an, sogar auf kalkhaltigen und lehmigen Böden. H × B: 2,3 × 2 m.

– ***P. latifolia***: wächst baumähnlich, mit eiförmigen, abgerundeten Blättern. H × B: 5 × 2,5 m.

✦ *RUSCUS ACULEATUS*: STACHELIGER MÄUSEDORN

SÜDLICHES EUROPA, ALPENSÜDSEITE

Immergrüner Halbstrauch mit grünen Sprossen, daran stechende „Blätter“ bzw. umgestaltete Flachsprosse, die in einem Stachel enden. Im Frühling kleine, weiße Blüten, im Spätsommer runde, rote Früchte. Langsames Wachstum, verträgt starken Schatten unter Bäumen. H × B: 100 × 80 cm.

– ***R. hypophyllum***: größere „Blätter“, nicht so stachelig.

✦ *RIBES LAURIFOLIUM*: LORBEERBLÄTTRIGE STACHELBEERE

CHINA

Eine ursprüngliche, immergrüne Stachelbeere ohne Stacheln mit großen, ledrigen Blättern, unterseits beim Neuaustrieb purpurn. Blüte zwischen Januar und März, gelbgrün. Die natürliche Gestalt ist eher ausladend, man kann die biegsamen Äste aber stützen, um einen aufrechten Wuchs zu erzeugen. H × B: 1 × 1,5 m. W: –15 °C.

✦ *SARCOCOCCA CONFUSA*: FLEISCHBEERE

OSTASIEN

Kompakter immergrüner Strauch mit eiförmigen, ledrigen, dunkelgrünen Blättern. Weiße, süßlich duftende Blüte zwischen Dezember und Februar, später schwarze Beeren. Langsamer Wuchs, aber sehr zuverlässig. H × B: 1,2 × 1,5 m.

– ***S. hookeriana***: kleiner (80 cm), Wurzelausläufer.

Sarcococca hookeriana an einer sehr trockenen Ostwand.

Sarcococca confusa (Früchte).

Sarcococca confusa (Blüten).

Eiben sind diözisch. An den weiblichen Pflanzen bilden sich im Herbst Früchte, die eine fleischige rote Hülle (Arillus) besitzen. Dies ist der einzige essbare Teil der Pflanze, alles andere einschließlich Samen ist giftig. Hier eine Sorte mit gelber Fruchthülle ('Luteocarpum').

ZEITWEISE TROCKENHEITS-VERTRÄGLICH

- *Camellia sasanqua*: Sasquana-Kamelie
- *Itea ilicifolia*: Stechpalmenblättrige Rosmarinweide
- *Rhododendron yakushimanum*
- *Rhododendron augustinii*
- *Rhododendron cinnabarinum*
- *Rhododendron decorum*
- *Rhododendron ponticum*

✦ *TAXUS BACCATA*: EUROPÄISCHE EIBE

EUROPA

Majestätische heimische Konifere mit dunkelgrünen Nadeln, unterseits hellgrün, spiralig angeordnet. Braun-rote Rinde. Die Eibe zählt zu den raren Nadelbäumen, die aus dem alten Holz austreiben können. Daher sind kräftige und regelmäßige Rückschnitte als Hecke oder Zierform möglich. Das langsame Wachstum lässt den Baum lange strauchartig wirken. H × B: 2–20 × 1–6 m.

Verbreitete Sorten:

- 'Fastigiata': säulenförmig, im Alter etwas ausladender. (3 × 1 m, dann 6–8 × 2–3 m).
- 'Fastigiata Aurea': Variante der Vorgenannten mit goldgrünen Nadeln.
- 'Litfass': eine noch schlankere Säule (4 × 0,80 m).
- 'Ivory Tower': schlanke Säule, Nadeln cremeweiß marmoriert (2 × 0,8 m).
- 'Repandens': weit ausladend niedrige Gestalt, Bodendecker (0,5 × 3 m).
- 'Amersfoort': hübsche kurze, rundliche Nadeln, verwachsene Gestalt, die man durch leichten Schnitt betonen kann.

ENTDECKUNG

Euonymus myrianthus

Westchina. Dieser immergrüne, bislang kaum in Gärten verbreitete Spindelstrauch hat leuchtend grünes, ledriges Laub. Die grünlichen Blüten sind unauffällig, aber zahlreich, im Spätsommer reifen sehr schöne goldfarbene Früchte heran. Langsames Wachstum, braucht einige Jahre, um sich einzugewöhnen, wird dann aber sehr robust. H × B: 2 × 2 m.

Euonymus myrianthus (Blüten und Blätter).

E. myrianthus (älteres Exemplar).

Gegenüber: *Taxus baccata* 'Fastigiata'

BEZUGSQUELLEN

Allgäu Stauden
www.allgaeustauden.de

Baldur-Garten
(Stichwort „Trockenresistente Pflanzen“)
www.baldur-garten.de

Baumschule Horstmann
(Stichwort „Pflanzen für trockene Böden“)
www.baumschule-horstmann.de

Baumschule Lorenz von Ehren
(Stichwort „Klimabäume“)
www.lve-baumschule.de

Baumschulen Van den Berk
(Stichwort „Bäume die Trockenheit vertragen können“)
www.vdberk.de

Dehner
(Stichwort „Trockenkünstler“)
www.dehner.de

Die Staudengärtnerei
www.die-staudengaertnerei.de

Gärtner Pötschke
(Stichwort „Trockenheitstolerante Pflanzen“, „Extreme Wetterlagen?“)
www.poetschke.de

Gärtnerei Strickler
www.gaertnerei-strickler.de

Gräfin von Zeppelin
(Stichwort „Pflanzen for Future“)
https://graefin-von-zeppelin.de

Mein Gartenshop
(Stichwort „Trockenresistente Pflanzen“)
www.meingartenshop.de

Pflanzmich
(Stichwort „Gehölze für trockene Böden“, „Trockenheitsverträglichkeit“)
www.pflanzmich.de

Staudengärtnerei Gaißmayer
(Stichwort „Trockenheitsverträgliche Pflanzen“)
www.gaissmayer.de

LITERATUREMPFEHLUNGEN

Hertle, Bernd: **Kiesgärten: Blütenpracht ohne Gießen.** GU, München 2012.

Kern, Simone: **Trockenhelden.** Kosmos-Verlag, Stuttgart 2021.

Kopp, Ursula: **Die schönsten Pflanzen, die wenig Wasser brauchen.** Bassermann-Verlag, München 2020.

Kühne, Robert: **Wasser sparen im Garten.** Independently published, 2020.

Lepple, Annette: **Garten ohne Gießen.** Verlag Eugen Ulmer, Stuttgart 2021.

Lepple, Annette: **Genießen statt Gießen.** Verlag Eugen Ulmer, Stuttgart 2020.

Timm, Ina: **Robuste Schönheiten für den Garten.** BLV, München 2020.

Weidenweber, Christine: **Gemüse ernten ohne gießen.** Verlag Eugen Ulmer, Stuttgart 2021.

Weigelt, Lars: **Gartenpraxis im Klimawandel.** BLV, München 2017.

BILDNACHWEIS

Alle Aufnahmen sind vom Autor, mit Ausnahme der nachfolgend genannten:

- Cedric Basset: S. 14 o., u.
- Thierry Spas: S. 43
- Didier Willery: Seiten 4, 8, 10, 16, 20, 25, 28, 32, 34 li., 37, 42, 46, 49 u. re., 52 o. li., 52 u. li., 53 o. re., 53 mi. re., 56, 57 o., 58 o. re., 58 u., 59 o., 60, 61 u., 63 u., 65 u., 76, 81, 82, 85 mi., 86, 87, 88 u., 89, 92 o. re., 93 o., 94, 95 o., 96 o., 96 mi., 97 o., 99 o., 99 mi., 100, 101 o., 102, 103 u. li., 104 o., 105 u., 106, 112, 113 o., 116, 118, 119 u., 121 o. li., 121 o. re., 122, 124, 128 u., 129 u. re., 134, 136 o., 137, 138, 142, 148, 150, 151 o., 153, 154, 161, 168, 169 u., 175 u. re., 176, 177 re., 184, 188, 189 o., 192, 193, 201, 205, 206, 207, 208, 210 u., 213, 214 u., 215 o., 219, 222 o. re., 222 u. re., 224 li., 225 u. li., 234, 235 (und Cover mi. re.), 238, 239 o., 243 o., 243 mi., 244 u., 248, 249 o., 249 mi., 249 u., 250 o. li., 252 li., 259, 265 o., 266, 268 u., 269 o., 270, 271, 272 li., 273, 274, 282, 292, 293, 294, 295, 301, 302 u., 305 o.

Die Karte auf Seite 13 stammt von: Heinze, W., Schreiber, D. (1984): Eine neue Kartierung der Winterhärtezonen für Gehölze in Mitteleuropa. Mitt. Deutsch. Dendrol. Ges. 75, 11–56.

REGISTER

A

Abelia × grandiflora 217
Abelie, Großblütige 217
Acacia dealbata 143
Acaena microphylla 177
Acanthus mollis 193
Acca sellowiana 143
Acer
  monspessulanum 151
  triflorum 239
Achillea
  crithmifolia 61
  millefolium 107
Actaea alba 275
Aethionema grandiflorum 68
Affodill, Weißer 173
Agapanthus 193
Agastache Kudos-Hybriden 91
Agave americana 87
Agave, Hundertjährige 87
Ahorn
  Dreiblütiger 239
  Felsen- 151
Akanthus, Pracht- 193
Akebia quinata 213
Akebie, Fingerblättrige 213
Alant, Berg- 73
Allium giganteum 173
Aloysia citriodora 88
Alpenveilchen 250
Alraunenwurzel, Falsche 272
Alstroemeria × ligtu 58
Alyssum montanum 69
Amaryllis bella-donna 59
Amelanchier ovalis 151
Amorpfeil 108
Anacyclus pyrethrum var. *depressus* 68
Anaphalis triplinervis 95
Anchusa azurea 101
Andorn, Weißfilziger 98
Andropogon gerardii 120
Anemanthele lessoniana 120
Anemone 253
  blanda 169
Anethum graveolens 101
Anthemis-Hybriden 107
Anthericum liliago 58
Aphyllanthes monspeliensis 70
Arabis caucasica 63
Arbutus unedo 151
Argyrocytisus battandieri 152
Arisaema 254
Armeria maritima 61
Aronstab, Italienischer 249
Artemisia 95
Arum italicum 249
Asarum 262
Asclepias tuberosa subsp. *interior* 194
Asphodeline lutea 58
Asphodelus albus 173
Aspidistra elatior 275
Asplenium ceterach 203
Astern 63, 195
Aubrieta deltoidea 64
Aucuba japonica 297
Aukube, Japanische 297
Aurinia saxatilis 64
Australminze 211

B

Backenklee, Zottiger 96
Ballota pseudodictamnus 96
Baptisia australis 113
Bärengrasbaum 148
Bartblume, Clandon- 125
Becherkätzchen, Spalier- 140
Begonia grandis 249
Begonie, Winterharte 249
Beifuß 95
Berberis 221
Berberitzen 221
Berufkraut
  Karwinskis 102
  Strand- 78
Besenginster 139
Binsenlilie 70
Birne, Weiden- 156
Bitterwurz, Gewöhnliche 68
Blasenbaum, Rispiger 236
Blaugras, Herbst- 206
Blaukissen, Griechisches 64
Bohnenkraut, Winter- 93
Bouteloua gracilis 120
Brandkraut 126, 194
Braunelle, Großblütige 185
Breitsame, Strahlen- 104
Briza maxima 120
Broussonetia papyrifera 235
Brunnera macrophylla 276
Buchsbaum, Europäischer 223
Buddleja davidii 139
Bupleureum fruticosum 128
Buschgeißblatt, Stielloses 210
Butia capitata 164
Buxus sempervirens 223

C

Calamagrostis × acutiflora 'Karl Foerster' 205
Callirhoe involucrata 78
Callistemon rigidus 143
Campanula
  muralis 178
  portenschlagiana 178
Caragana arborescens 223
Cardamine trifolia 263
Carex
  grayi 205
  morrowii 289
Caryopteris × clandonensis 125
Catananche caerulea 108
Ceanothus 217
Centaurea bella 79
Centranthus ruber 107
Cerastium tomentosum 65
Ceratonia siliqua 146
Ceratostigma plumbaginoides 77
Chamaerops humilis 164
Cheilanthes lanosa 203
Choisya ternata 218
Christophskraut, Weißfrüchtiges 275
Christrosen 198, 280
Cistus laurifolius 128
Clematis 135, 213
Corydalis ophiocarpa 271
Cotinus coggygria 224
Cotoneaster dammeri 210
Cotula hispida 179
Crambe maritima 113
Crassula sarcocaulis 87
Crataegus 235
Crithmum maritimum 88
Cupressus
  arizonica 159
  sempervirens 159
Currystrauch 95
Cyclamen 250
Cyrtomium 283
Cytisus scoparius 139

D

Dachwurz 85
Danae racemosa 297
Dasylirion wheeleri 148
Dattel, Chinesische 232
Delosperma cooperi 87
Deschampsia cespitosa 206
Dianthus 70
Dicentra formosa 263
Dickblatt 87
Dictamnus albus 113
Diervilla sessilifolia 210
Digitalis 186
Dill 101
Diptam 113
Doronicum pardalianches 276
Dorycnium hirsutum 96
Drachenwurz 174
Dracunculus vulgaris 174
Dryopteris 283
Duchesnea indica 264
Duftblüte 302
Duftnessel 91

E

Echinacea tennesseensis 108
Echinops ritro 114
Echium vulgare 102
Edeldistel 114
Edelweiß 68
Efeu, Gewöhnlicher 214
Ehrenpreis 182
Eibe, Europäische 306
Eichen 140, 240
Elaeagnus 226
Elfenblume 264
Epilobium canum subsp. *angustifolium* 132
Epimedium 264
Eragrostis curvula 121
Eranthis hyemalis 253
Erbsenstrauch, Gewöhnlicher 223
Erdbeerbaum 151
Erigeron
  glaucus 78
  karvinskianus 102
Erodium manescavii 79
Eryngium 114
Erysimum cheiri 102
Eschscholzia californica 102
Eucalyptus gunnii 152
Eukalyptus, Tasmanischer 152
Euonymus fortunei var. *radicans* 293
Euphorbes
  amygdaloides subsp. *robbiae* 261
  cyparissias 178
Euphorbia
  griffithii 116
  myrsinites 79
  spinosa 73

F

Fackellilie 116
Fallsamengras 122
Färberkamille 107
Farne 203, 283
Fasanenschwanzgras 120
Fatsia japonica 298
Federborstengras, Japanisches 122
Federgras, Mexikanisches 119
Federgras, Riesen- 119
Feijoa sellowiana 143
Felsenbirne, Gewöhnliche 151
Felsennelke, Steinbrech- 66
Fenchel
  Garten- 91
  Meer- 88
  Wilder 91
Ferula communis 101
Festuca glauca 119
Fetthenne 83, 200
Feuerdorn 228
Feuerkolben 254
Filipendula vulgaris 80
Fingerhut 186
Flanellstrauch, Kalifornischer 146
Fleischbeere 304
Flockenblume, Silber- 79
Foeniculum vulgare 91
Föhre 244
Frankenia laevis 65

Fremontodendron californicum 146
Frühlingsstern 57

G
Galium odoratum 268
Gamander
Bastard- 67
Baum- 126
Berg- 74
Edel- 178
Gambagras 120
Gämswurz, Kriechende 276
Gänsekresse, Kaukasische 63
Garrya elliptica 140
Gaura lindheimeri 108
Geleepalme, Gewöhnliche 164
Genista lydia 130
Geranium 179, 196, 278
Ginster, Lydischer 130
Glaucium flavum 103
Gliedkraut, Syrisches 99
Globularia alypum 73
Glockenblume, Dalmatiner 178
Goldlack 102
Goldnessel, Echte 259
Goldregen, Hybrid- 239
Grasbaum, Mexikanischer 148
Graslilie, Astlose 58
Grasnelke, Gewöhnliche 61
Grasschwertel
Gestreifter 111
Kalifornischer 80
Grevillea juniperina 144
Gypsophila
cerastioides 65
paniculata 116

H
Haarschotengras 120
Hainsimse, Wald- 290
Hakonechloa macra 289
Hanfpalme, Chinesische 164
Haselwurz 262
Hasenglöckchen, Spanisches 169
Hasenohr, Strauchiges 128
Hauswurz 85
Hedera helix 214
Heiligenkraut, Graues 99
Helianthemum 130
Helichrysum italicum 95
Helictotrichon sempervirens 120
Helleborus 198, 280
Helmkraut, Alpen- 74
Henne mit Küken 269
Herzblattwurz 269
Heuchera 180
Hippophae rhamnoides 228
Hirse, Ruten- 122
Holboellia latifolia 294
Honigpalme 164
Honigstrauch, Echter 144
Hopfenbuche, Gewöhnliche 239
Hornkraut, Filziges 65
Hornmohn, Gelber 103
Hornnarbe, Kriechende 77
Hortensie, Kletternde 293
Hyacinthoides hispanica 169
Hydrangea anomala subsp. *petiolaris* 293
Hydrangea quercifolia
calycinum 182
'Hidcote' 209
Hypericum
olympicum 132
Hyssopus officinalis 91

I
Iberis sempervirens 62
Ilex aquifolium 302
Immergrün 261
Indigofera heterantha 209
Indigolupine 113
Indigostrauch, Himalaya- 209
Ingwer, Japan- 174
Inkalilie 58
Inula montana 73
Ipheion grandiflorum 57
Iris
Barbata-Elatior-Gruppe 57
foetidissima 281
Garten- 57
lazica 281
unguicularis 62
Winter- 62

J
Japangras 289
Jasmin
Niedriger 136
Strauch- 211
Jasminum
fruticans 211
humile 136
Johannisbrotbaum 146
Johanniskraut 209
Großblütiges 182
Olymp- 132
Jonquille 171
Jubaea chilensis 164
Jujube 232
Jungfer im Grünen 103
Juniperus 161, 243
Junkerlilie 58

K
Kamille 182
Kappenmohn, Kalifornischer 102
Katzenminze 77
Kaukasusvergissmeinnicht, Großblättriges 276
Kiefer
Haken- 243
Wald- 244
Kiefern 162
Kirsche, Felsen- 156
Klebsame, Chinesischer 230
Knautia macedonica 108
Kniphofia 116
Koelreuteria paniculata 236
Koniferen 243
Königskerzen 104
Kräuselmyrte, Chinesische 155
Kreuzblümchen 128
Kreuzdorn, Immergrüner 231
Kugelblume 73
Kugeldistel 114

L
Laburnum × watereri 239
Lagerstroemia indica 155
Lamium galeobdolon 259
Lantana camara 144
Lathyrus latifolius 214
Lauch, Riesen- 173
Laugenblume 179
Lavandula 91
Lavendel 91
Leimkraut
Klippen- 67
Taubenkropf- 190
Lein, Ausdauernder 110
Leonotis leonurus 132
Leontopodium alpinum 68
Lerchensporn 271
Lewisia cotyledon 68
Lichtnelke
Jupiter- 74
Kronen- 185
Liebesgras, Schwachgekrümmtes 121
Lilie
Belladonnen- 59
Madonnen- 57
Lilium candidum 57
Linum perenne 110
Lippenfarn 203
Lippia nodiflora 66
Liriope, Horstbildende 290
Liriope muscari 290
Lithodora diffusa 73
Lithospermum purpurocaeruleum 262
Lobularia maritima 74
Lorbeer, Alexandrinischer 297
Lotus hirsutus 96
Löwenohr, Großblättriges 132
Lunaria
annua 271
biennis 271
Lungenkraut 190
Lupine, Russells 110
Lupinus × russellii 110
Luzula sylvatica 290

M
Mädesüß, Kleines 80
Mahonien 301
Marokkokamille 68
Marrubium incanum 98
Mastix-Baum 229
Mathiasella bupleuroides 189
Matricaria tchihatchewii 182
Mauerpfeffer 83, 200
Maulbeere, Papier- 235
Mäusedorn, Stacheliger 304
Meconopsis cambrica 272
Meer-Fenchel 88
Melianthus major 144
Melica
ciliata 206
nutans 289
Mimose der Gärtner 143
Mittagsblume 87
Mohnmalve 78
Mönchspfeffer 140
Mondsichelfarn 283
Muscari armeniacum 170
Myrte, Gewöhnliche 228
Myrtus communis 228

N
Nachtkerze, Missouri- 65
Nagelkraut 66
Narzissen 171
Nassella tenuissima 119
Natternkopf, Gewöhnlicher 102
Nelken 70
Nepeta × faassenii 77
Nerine bowdenii 58
Nessel, Kreta- 96
Nieswurz 280
Nigella damascena 103
Nolina hibernica 148

O
Ochsenzunge, Italienische 101
Oenothera
macrocarpa 65
missouriensis 65
Olea europaea 155
Olive 155
Ölweide 226
Ophiopogon planiscapus 259
Opuntia
compressa 85
humifusa 85
Opuntie 85
Orangenblume, Mexikanische 218
Orlaya grandiflora 104
Ornithogalum umbellatum 174
Osmanthus 302
Ostrya carpinifolia 239
Oxypetalum coeruleum 146

P
Pachyphragma macrophyllum 268
Palmen 164
Palmettopalme, Zwerg- 164
Panicum virgatum 122

DANK

Die Arbeit an diesem Buch bedeutete für mich eine große Bereicherung und schöne Erfahrung. Ich vergesse aber auch nicht, wer mich bei diesem Abenteuer begleitete:
Zuerst möchte ich Éditions Ulmer und insbesondere Didier Willéry danken, der an mich glaubte und mich unterstützte, außerdem Antoine Isambert für sein Vertrauen.
Ich danke den folgend Genannten für anregende Diskussionen, Ratschläge, erhellende Ansichten über die Trockenheitstoleranz, die Botanik und viele Themen, die wir gemeinsam im Lauf der Zeit gestreift haben:

- Guilhem Bost (Pépinières Lepage)
- Sébastien Guillet (Agrocampus Ouest)
- Cédric Basset (Pépinière Aoba)
- Sandrine und Thierry Delabroye (Pépinière Delabroye)
- Éric Lenoir (La Pépinière Aquatique)
- Bella Gordon (Pépinière Plantagenet)
- Fabrice Gautier und Olivier Galéa (Pépinière Sous un Arbre Perché)
- Benjamin Pierrache (Plante & Cité)
- Christophe Laborde (Paysagiste DPLG) und allen Mitgliedern des Vereins Jardin Botanique Floralpina d'Arras (AJaBoFLorA)
- Jean-Loup et Nicolas Hennebelle (Pépinière Jean-Pierre Hennebelle)
- Julie Nguefack und Nicolas Simler (Conservatoire Botanique d'Alsace).

Schließlich möchte ich auch den Gütern und Gärten danken, die mir bei meinen Besuchen zur Quelle von Inspirationen und Erfahrungen wurden:

- Le Vasterival (Garten der Gräfin Sturdza, Sainte-Marguerite-sur-Mer)
- Le Flérial (Der „punk"-Garten von Éric Lenoir, Volgré)
- Floralpina (der Botanische Garten von Jean-Michel Spas, Arras)
- Le Jardin du Moulin Neuf (Sébastien Guillet, Le Fresne-sur-Loire)
- Jardin des pépinières Plantagenet (Schaugarten der Gärtnerei Plantagenet von Bella und David Gordon, Doué-en-Anjou)
- Pépinière des Avettes (Marion Lennoz, La Genête)
- Reflets de Jardin (Bernadette und Daniel Richir, Penin)
- Privatgarten von Danielle und Yves Brouart (Anzin-Saint-Aubin)
- und ein gewisser Trockengarten in der Nähe von Angers, der schon bekannt ist …

Und selbstverständlich danke ich meiner Familie und den engen Freunden, deren beständige Unterstützung mir immer höchst willkommen war!

IMPRESSUM

Titel der französischen Originalausgabe: „Toutes les plantes supportant la sécheresse"

Die in diesem Buch enthaltenen Empfehlungen und Angaben sind vom Autor mit größter Sorgfalt zusammengestellt und geprüft worden. Eine Garantie für die Richtigkeit der Angaben kann aber nicht gegeben werden. Autor und Verlag übernehmen keine Haftung für Schäden und Unfälle. Bitte setzen Sie bei der Anwendung der in diesem Buch enthaltenen Empfehlungen Ihr persönliches Urteilsvermögen ein.
Der Verlag Eugen Ulmer ist nicht verantwortlich für die Inhalte der im Buch genannten Websites.

Anmerkung zur Schreibweise (Gendering): Gendergerechtigkeit und Inklusion sind bei uns gelebte Praxis – bei der Auswahl unserer Themen, bei der Recherchearbeit, in der Gestaltung. Unsere Texte meinen alle. Damit unsere Inhalte jedoch gut lesbar bleiben, verzichten wir in diesem Werk auf die jeweilige Mehrfachnennung oder Anpassung der Schreibweise bestimmter Bezeichnungen an die weibliche, männliche oder diverse Form.

Bibliografische Information der Deutschen Nationalbibliothek
Die Deutsche Nationalbibliothek verzeichnet diese Publikation in der Deutschen Nationalbibliografie; detaillierte bibliografische Daten sind im Internet über http://dnb.d-nb.de abrufbar.

Wollgrasweg 41, 70599 Stuttgart (Hohenheim)
E-Mail: info@ulmer.de
Internet: www.ulmer.de
Projektleitung: Carolin Witte
Übersetzung: Sabine Hesemann
Redaktionelle Überarbeitung der Seiten 4–25:
Christine Weidenweber, www.verbene.eu
Lektorat: Sabine Drobik
Umschlaggestaltung: Michaela Mayländer, Stuttgart, www.sistermic.de
Satz: r&p digitale medien, Echterdingen
Druck und Bindung: Printer Trento
Printed in Italy

ISBN 978-3-8186-1359-4

Paronychia kapela 66
Pechsame 230
Pennisetum alopecuroides 122
Pentanema montanum 73
Perlgras
Nickendes 289
Östliches Wimper- 206
Perlkörbchen 95
Perovskia atriplicifolia 125
Perowskie, Silber- 125
Perückenstrauch 224
Petrorhagia saxifraga 66
Phillyrea angustifolia 304
Phlomis
fruticosa 126
russeliana 194
Phyla nodiflora var. *canescens* 66
Pinus 162
mugo subsp. *uncinata* 243
sylvestris 244
Pistacia lentiscus 229
Pittosporum tobira 230
Platterbse, Breitblättrige 214
Podocarpus nivalis 244
Polygala myrtifolia 128
Polygonatum odoratum 256
Polypodium 285
Polystichum 283, 286
Portulaca oleracea 87
Portulak 87
Prachtkerze 108
Präriesonnenhut, Länglicher 104
Primula veris 185
Prostanthera cuneata 211
Prunella grandiflora 185
Prunus mahaleb 156
Pulmonaria 190
Purpurglöckchen 180
Pyracantha 228
Pyrus salicifolia 156

Q
Quendel 93
Quercus 140, 240

R
Ratibida columnifera 104
Rauschkopf 148
Raute, Wein- 93
Reiherschnabel, Pyrenäen- 79
Reineckea carnea 290
Rhamnus alaternus 231
Rhaphiolepis × *delacourii* 129
Ribes laurifolium 304
Riesenfenchel 101
Romneya coulteri 117
Rosmarin 93
Rosmarinus officinalis 93
Ruscus aculeatus 304
Ruta graveolens 93

S
Sabal minor 164
Säckelblumen 217
Salbei
Echter 88
Gamander- 99
Kleinblättriger 125
Muskateller- 104
Wiesen- 111
Salomonssiegel 256
Salvia
chamaedryoides 99
microphylla 125
officinalis 88
pratensis 111
sclarea 104
Sanddorn 228
Santolina chamaecyparissus 99
Sarcococca confusa 304
Saruma henryi 269
Satureja montana 93
Schafgarbe
Meerfenchelblättrige 61
Wiesen- 107
Scheinerdbeere 264
Scheinmohn, Pyrenäen- 272
Scheinschaumkraut, Großblättriges 268
Scheinsonnenhut, Tennessee- 108
Schildfarne 286
Schizophragma hydrangeoides 294
Schlangenbart, Schwarzer 259
Schlangenwurz 174
Schleierkraut 65, 116
Schleifenblume, Immergrüne 62
Schlüsselblume 185
Schmiele, Rasen- 206
Schmucklilien 193
Schneeball 231
Schriftfarn 203
Schuppenfarn 203
Schusterpalme, Gewöhnliche 275
Schwertlilie, Übelriechende 281
Schwingel, Blau- 119
Scutellaria alpina 74
Sedum 83, 200
See-Heide, Glatte 65
Segge
Japan- 289
Morgenstern- 205
Seidenblume, Blaue 146
Seidenpflanze, Knollige 194
Sempervivum 85
Senecio scandens 214
Sesleria autumnalis 206
Sideritis syriaca 99
Silberblatt, Einjähriges 271
Silbereiche, Wacholderblättrige 144
Silberginster 152
Silberkraut, Strand- 74
Silene
coronaria 185
flos-jovis 74
uniflora 67
vulgaris 190
Sisyrinchium
californicum 80
striatum 111
Sockenblume 264
Sommerflieder 139
Sonnenröschen 130
Spalthortensie 294
Spindelstrauch, Kletternder 293
Spirke, Berg- 243
Spornblume, Rote 107
Sporobolus heterolepis 122
Stachelbeere, Lorbeerblättrige 304
Stachelnüsschen, Braunblättriges 177
Stachys byzantina 99
Stechginster, Gewöhnlicher 140
Stechpalme, Gewöhnliche 302
Steckenkraut 101
Steineibe, Schnee- 244
Steinkraut, Berg- 69
Steinkresse, Felsen- 64
Steinlinde, Schmalblättrige 304
Steinsame 73
Steinsame, Blauroter 262
Steintäschel, Großblütiges 68
Stern von Bethlehem 174
Stipa
arundinacea 120
gigantea 119
tenuifolia 119
Storchschnabel 196
Kaukasus- 179
schattenliebende 278
Strandkohl 113
Strauchmohn, Kalifornischer 117
Strobilanthes penstemonoides 281
Strohblume 95

T
Tamariske, Viermännige 156
Tamarix tetrandra 156
Taxus baccata 306
Tellima grandiflora 272
Teppichverbene 66
Teucrium
× *lucidrys* 67
chamaedrys 178
fruticans 126
montanum 74
Thymian Echter 93
Thymus vulgaris 93
Tolmiea menziesii 269
Trachycarpus fortunei 164
Tränendes Herz, Kleines 263
Traubenapfel 129
Traubenhyazinthe, Armenische 170
Tüpfelfarn 285
Tweedia coerulea 146

U
Ulex europaeus 140

V
Verbascum 104
Verbena bonariensis 105
Verbene 105
Viburnum 231
Vinca 261
Vitex agnus-castus 140
Vitis 136

W
Wacholder 161, 243
Waldmeister 268
Waldreben 135, 213
Waldsteinia ternata 269
Waldsteinie, Dreiblättrige 269
Wandelröschen 144
Weinrebe 136
Weißdorn 235
Wiesenhafer, Blaustrahl- 120
Wilder Fenchel 91
Windröschen 169, 253
Winterling, Kleiner 253
Witwenblume 108
Wolfsmilch 189
Griffiths 116
Robb- 261
Stachelige 73
Walzen- 79
Zypressen- 178
Wurmfarn 283

Y
Ysop 91
Yucca 148

Z
Zahnwurz, Dreiblättrige 263
Zapfenblume 281
Ziest, Woll- 99
Zimmeraralie 298
Zingiber mioga 174
Zistrose, Lorbeerblättrige 128
Zitronenverbene 88
Zittergras, Größtes 120
Ziziphus jujuba 232
Zwergmispel, Teppich- 210
Zwergpalme, Europäische 164
Zylinderputzer, Steifer 143
Zypresse
Arizona- 159
Echte 159